W0255582

WERKSTATTBÜCHER

FÜR BETRIEBSANGESTELLTE, KONSTRUKTEURE UND FACHARBEITER. HERAUSGEGEBEN VON DR.-ING. H. HAAKE, HAMBURG

Jedes Heft 50—70 Seiten stark, mit zahlreichen Abbildungen

Die Werkstattbücher behandeln das Gesamtgebiet der Werkstattstechnik in kurzen selbständigen Einzeldarstellungen: anerkannte Fachleute und tüchtige Praktiker bieten hier das Beste aus ihrem Arbeitsfeld, um ihre Fachgenossen schnell und gründlich in die Betriebspraxis einzuführen.

Die Werkstattbücher stehen wissenschaftlich und betriebstechnisch auf der Höhe, sind dabei aber im besten Sinne gemeinverständlich, so daß alle im Betrieb und auch im Büro Tätigen, vom vorwärtsstrebenden Facharbeiter bis zum leitenden Ingenieur, Nutzen aus ihnen ziehen können.

Indem die Sammlung so den Einzelnen zu fördern sucht, wird sie dem Betrieb als Ganzem nutzen und damit auch der deutschen technischen Arbeit im Wettbewerb der Völker.

Einteilung der bisher erschienenen Hefte nach Fachgebieten

I. Werkstoffe, Hilfsstoffe, Hilfsverfahren

II. Spangebende Formung

(Fortsetzung 3. Umschlagseite)

WERKSTATTBÜCHER
FÜR BETRIEBSANGESTELLTE, KONSTRUKTEURE UND FACH-ARBEITER. HERAUSGEBER DR.-ING. H. HAAKE, HAMBURG
HEFT 62

Hartmetalle in der Werkstatt

Zweite neubearbeitete Auflage
(7. bis 12. Tausend)

Von
Ing. August Rottler
Kaiserslautern

Die erste Auflage
wurde von F. W. Leier bearbeitet

Mit 110 Abbildungen

Springer-Verlag
Berlin/Göttingen/Heidelberg
1955

ISBN-13: 978-3-540-01970-1 e-ISBN-13: 978-3-642-86986-0
DOI: 10.1007/978-3-642-86986-0

Inhaltsverzeichnis.

Vorwort.

Die fortschreitende Anwendung der Hartmetalle als Schneidwerkstoff bei den Zerspanungsvorgängen in der industriellen Fertigung macht es notwendig, daß die Kenntnis vom Hartmetall (abgekürzt HM) und seinem Verhalten an der Werkzeugschneide noch mehr als bisher in den Betrieben Allgemeingut wird. Die Weiterentwicklung auf dem Werkzeuggebiete seit dem Erscheinen der 1. Auflage dieses Heftes[1] erforderte eine vollständige Neubearbeitung des Stoffes.

Es wird versucht, die wichtigsten Eigenschaften des HM herauszustellen und die zu seiner Verarbeitung und Anwendung geeigneten Möglichkeiten aufzuzeigen. Dabei werden die hauptsächlichsten Werkzeuggruppen beschrieben, in denen das HM als Schneidwerkstoff Eingang gefunden hat und sein wirtschaftlicher Einsatz möglich ist. Betrachtet werden konnten immer nur die sogen. „Normalwerkzeuge". Die Ausführungen dazu mögen Hilfe sein bei der Planung von Sonderwerkzeugen oder Arbeitsvorgängen, deren Bestform oft erst durch Versuch zu ermitteln ist. Wichtig ist, daß jeder, der mit HM-Werkzeugen zu tun hat, gleichgültig, ob er sie plant, baut oder anwendet, die Eigenarten des Werkstoffes HM kennt und auf sie Rücksicht nimmt. Denn erst im Zusammenwirken von Mensch und Maschine kann sich der technische Fortschritt zeigen.

I. Aufbau und Herstellung der Hartmetalle.

1. Entwicklung. Von einer Werkzeugschneide fordert man Wärmebeständigkeit und Widerstandsfähigkeit gegen Reibverschleiß. Ihre Schnittfähigkeit sinkt ganz beträchtlich ab, wenn die Schneidentemperatur eine bestimmte Grenze überschreitet. Bei den bekannten Schneidwerkstoffen Kohlenstoffstahl und Schnellstahl liegt die oberste Grenze der zulässigen Wärmebeanspruchung bei etwa 250° C bzw. 550° C. Die Einführung des mit Wolfram hochlegierten Schnellarbeitsstahles durch TAYLOR um die Jahrhundertwende brachte insofern eine beträchtliche Leistungssteigerung, als man mit diesem Schneidstoff die Schnittgeschwindigkeit gegenüber unlegiertem C-Stahl beachtlich erhöhen konnte. Man erkannte die hohe Verschleiß- und Warmfestigkeit des Wolframs und seiner Karbide, und die Weiterentwicklung setzte auch in dieser Richtung ein. 1907 wurde von HAYNES in Amerika eine eisenfreie, gegossene Hartlegierung, das Stellit, erfunden. Es war eine Legierung der Elemente Chrom und Kobalt mit Wolfram. Härteträger waren die Metallkarbide. Die Stellite waren jedoch sehr spröde und es bestanden Schwierigkeiten bei ihrer Verarbeitung und Anwendung. 1914 erhielten H. VOIGTLÄNDER und H. LOHMANN für ein Hartmetall auf der Grundlage Wolfram- bzw. Molybdänkarbide Patente [*1*][2]. Die im Schmelzfluß erzeugten Karbide hatten jedoch noch nicht die gewünschten Festigkeitseigenschaften und waren ebenfalls sehr spröde. Die entscheidende Erfindung kam 1923[3] aus den Labors der Osram-Studiengesellschaft. Dort gelang es, Monowolframkarbid WC mit 6,12% Kohlenstoffgehalt durch Erhitzen von Wolfram mit Kohlenstoff bei 1400—1500° C herzustellen und die so gewonnenen Karbide mit Kobalt als Bindemetall zu HM zu sintern. Dieser neue Stoff war den Stelliten, gegossenen HM, an Zähigkeit bedeutend überlegen. Man

[1] Die erste Auflage, bearbeitet von Ing. F. W. LEIER, erschien 1937.
[2] Die Zahlen in eckigen Klammern verweisen auf das Schrifttumverzeichnis Seite 63.
[3] DRP 420 689. Erfinder: K. SCHRÖTER.

wollte ihn zunächst für Ziehdüsen zur Herstellung feiner Wolframdrähte verwenden fand aber, daß er sich auch als Schneidstoff zum Drehen bestens eignet. Die Firma FRIEDR. KRUPP in Essen übernahm die Weiterentwicklung und brachte 1926 das Sinterhartmetall unter der Markenbezeichnung *Widia* in den Handel, das hauptsächlich zur Bearbeitung von harten, spröden Stoffen geeignet war. 1931 brachten die DEUTSCHEN EDELSTAHLWERKE ein HM auf Titankarbidbasis unter der Bezeichnung *Titanit* auf den Markt, das sich auch für die Stahlzerspanung eignete. Die Karbide des Wolframs und Titans sind heute die beiden wichtigsten Bestandteile unserer HM-Sorten.

2. Zusammensetzung der Hartmetalle. Unter HM versteht man einen „naturharten" Werkstoff aus *hochschmelzenden Karbiden* des Wolframs, Titans, zum Teil auch des Tantals und Vanadins, den eigentlichen Härteträgern, deren Schmelzpunkte über 2000° C liegen, und einem *niedriger schmelzenden Binde- oder Hilfsmetall*, meist Kobalt. Beide Komponenten werden in Pulverform innig vermischt in Preßwerkzeugen geformt und dann gesintert. Das Sintern ist ein keramischer „Brenn"-Vorgang bei hohen Temperaturen, jedoch noch unterhalb des Schmelzpunktes der Karbide. Ein flüssiger Zustand tritt also nicht ein, vielmehr „backen" die Karbide an ihren Rändern zusammen, wobei das Kobalt diesen Vorgang begünstigt. Man spricht deshalb auch von Metallkeramik bzw. Pulvermetallurgie. Das Kobalt wird dabei flüssig und dringt in die Hohlräume des Karbidgerüstes ein. Es dient dort zur Verstärkung und beeinflußt die Eigenschaften des HM. Dieses starre Gerüst aus Metallkarbiden verleiht den HM ihre natürliche Härte, die durch nachträgliche Wärmebehandlung nicht mehr verändert werden kann.

3. Herstellung der Hartmetalle. Man unterscheidet nach der Zusammensetzung 2 Gruppen Sinterhartmetalle:

1. auf Grundlage des Wolframkarbides,
2. auf Grundlage des Wolfram- plus Titankarbides.

In beiden Gruppen wird Kobalt als Bindemetall verwendet. Bei der Herstellung [*2*] der Karbide geht man von Wolframoxyd WO_3, Titanoxyd TiO_2 und Kohlenstoff aus. Durch Reduktion mit Wasserstoff im elektr. Ofen bei 700—1000°C gewinnt man aus den Metalloxyden die reinen Metalle. Zu Pulver vermahlen werden diese dann mit Kohlenstoff bei 1400—1700° C zu Karbiden „karburiert". Den pulverisierten Karbiden wird die entsprechende Menge Kobalt zugesetzt und das Ganze unter hohem Druck vorgeformt. Anschließend folgt das Vorsintern bei 800 bis 1000° C. Der Rohling ist jetzt in einem Zustand, wo er sich spanabhebend noch gut bearbeiten läßt. Er kann durch Drehen, Sägen, Feilen usw. auf die gewünschte Form gebracht werden. Es muß dabei allerdings ein beträchtliches Schwindmaß berücksichtigt werden, das in Längsrichtung bis zu 30% betragen kann. Das nachfolgende Fertigsintern bei 1400—1700° C gibt dem Formstück die volle Härte. Für einfache Platten, die in großen Stückzahlen hergestellt werden, sind heute auch Sinterverfahren bekannt, die eine Zwischenbearbeitung erübrigen. Nach dem Fertigsintern kann HM im allgemeinen nur noch durch Schleifen bearbeitet werden. Man gestaltet deshalb viel verwendete Schneidplatten und Formkörper, sogen. Normplatten, gleich so, daß sie später nach dem Auflöten nur noch wenig verändert werden müssen. Es entstanden folgende genormte bzw. handelsübliche Formen:

4. Formen [1]**.**

Schneidplatten für mittlere und schwere Schnitte DIN 4966 Blatt 1.
Schneidplatten für leichte Schnitte DIN 4966 Blatt 2.

[1] In diesem Buch wird auf zahlreiche Normblätter verwiesen. Dazu sei bemerkt: Maßgebend ist jeweils die neueste Auflage des betr. DIN-Blattes, die vom Beuth-Vertrieb, Berlin W 15 oder Köln, zu beziehen ist.

Schneidplatten für Bohrer 115° Spitzenwinkel DIN 8010.
Schneidplatten für Bohrer 85° Spitzenwinkel DIN 8013.
Schneidplatten für Reibahlen, Schaftfräser, Langlochfräser, Kopf- und Halssenker DIN 8011.
Einsätze für Drehbankkörner DIN 8012.

Sehr beachtlich ist ferner die Anzahl der heute von den HM-Herstellern in ihren Listen geführten *Formen nach Werksnormen*, z. B.: Vollzylinder, Hohlzylinder, prismatische Stäbe; ferner *Sonderformen* zur Bestückung von Sonderwerkzeugen, wie: Drehpilze, Schlagbohrer, Holzbearbeitungswerkzeuge, Ziehsteine, Hämmerbacken und viele andere.

II. Eigenschaften der Hartmetalle.

5. Sorten. Das erste brauchbare HM war eine Wolframkarbid-Kobaltlegierung, entsprechend der heutigen Sorte G1. Es war als Schneidstoff zur Zerspanung kurzspanender Werkstoffe, wie Gußeisen, gut geeignet. Das Gebiet der Stahlbearbeitung wurde dem Hartmetall erst durch die Wolframkarbid-Titankarbid-Kobaltlegierung erschlossen. Wir unterscheiden hinsichtlich Zusammensetzung und Anwendung die 2 Gruppen nach Tab. 1. Die großen Buchstaben bezeichnen

Tabelle 1. *Unterscheidung der Hartmetallgruppen.*

Gruppe	Zeichen	Hinweise für den Einsatz	Zusammensetzung
I	G	Gußbearbeitung	Wolframkarbid-Kobalt-Legierung
	H	Hartgußbearbeitung	
II	S	Stahlbearbeitung	Wolframkarbid-Titankarbid-Kobalt-Legierung
	F	Feinbearbeitung (Stahl)	

die Sorten und geben Hinweise für die Anwendung. Die Bestrebungen, für jeden Bearbeitungsfall das HM bester Leistung zu haben, führte zu weiterer Sortenvermehrung und Stufung innerhalb dieser Gruppen. Die Unterschiede liegen einmal im kristallinen Aufbau, dem Mikrogefüge, zum andern in der chemischen Zusammensetzung. Das 1942 erschienene Normblatt DIN 4990 enthält 9 HM-Sorten mit Hinweisen für ihre Anwendung. Da alle HM äußerlich gleich aussehen und der Verbraucher nicht die Möglichkeit hat, sie ohne weiteres zu unterscheiden, wurden Kennfarben eingeführt (Tab. 2). Seit 1950 wurde diese Reihe weiter ergänzt durch HM höherer Zähigkeit bzw. Verschleißfestigkeit. Die einzelnen Hersteller verwenden für diese neuen Sorten zum Teil verschiedene Werksbezeichnungen, so daß leider die einheitliche Linie verloren ging (Tab. 2). Zusammensetzung und Eigenschaften der einzelnen HM siehe Tab. 3. Die neuen HM sind in ihrer Zusammensetzung nicht ganz einheitlich, so daß für einen bestimmten Bearbeitungsfall oft ein bestimmtes Fabrikat die beste Leistung erzielt.

Die *Universal*sorte ist eine Legierung auf Wo–Ti–Ta-Karbidbasis mit besonders feinkörnigem Gefüge. Bei mittleren Ansprüchen kann man damit sowohl Guß- als auch Stahl bearbeiten. Ihr Verschleißverhalten gegenüber harten Werkstoffen ist günstig. Sie ersetzt dort, wo nur gelegentlich mit Hartmetall gearbeitet wird, etwa die Sorten G1, H1, S2, S3, wenn es nicht auf höchste Leistung ankommt. Man hat dafür den Vorteil der einfacheren Lagerhaltung.

Tabelle 2. *Kennzeichnung der Hartmetall-Sorten nach DIN 4990 und nach einigen Herstellern*[1] *mit Hinweisen für die Anwendung.* (Vgl. AWF. Betriebsblatt *[31]*).

DIN 4990		Böhlerit	Titanit	Widia	Anwendung
Zeichen	Farbe				
F1	grau	FB1	FTi1	FT1	Feinstdrehen u. Feinstbohren v. Stahl mit kleinsten Spanquerschnitten und hohen Schnittgeschwindigkeiten.
S1	schwarz	SB1	STi1	TT1	Drehen u. Fräsen von Stahl bei hohen Schnittgeschw. u. kleinen Vorschüben.
S2	weiß	SB2	STi2	TT2	Drehen, Fräsen, Hobeln v. Stahl u. Stahlguß bei mittleren Schnittgeschw. u. Vorschüben u. wechseld. Schnittiefen.
S3	rot	SB3	STi3	TT3	Drehen, Fräsen, Hobeln v. Stahl u. Stahlguß b. mittl. u. nieder. Schnittgeschw. u. größ. Vorschüben u. stark wechseld. Schnittiefe.
(S4)		SB4	STi4	TT4	Drehen u. Hobeln v. Stahl m. niederen Schnittgeschw. u. großen Vorschüben, bes. bei starken Schnittunterbrechungen.
(Universal)		EB	U	AT	Drehen u. Fräsen v. Stahl u. Grauguß bei mittleren Ansprüchen, bes. verschleißfeste Werkstoffe.
H2	gelb-schwarz	H2	H2	H2	Bearbeiten v. harten Gußsorten, stark verschleißenden Leichtmetallen u. Kunststoffen.
H1	gelb	H1	H1	H1	Drehen u. Fräsen v. Gußeisen, Glas, Kunststoff, gehärtetem Stahl. Zum Bohren, Senken, Reiben v. Stahl u. G.
G1	blau	G1	G1	G1	Drehen u. Fräsen v. Guß, Kupfer- u. Leichtmet.-Leg., Kunststoffen, Holzbearbeitung, Verschleißteile aller Art.
G2	braun	G2	G2	G2	Holzbearbeitungswerkzeuge, Schlagbohrer für Bergbau, Ziehwerkzeuge.
G3	blau-schwarz	G3	G3	G3	Schnitt- u. Schlagwerkzeuge, Ziehwerkzeuge, Hämmerbacken.
		G4	G4	G4	Schnittwerkz., Kaltschlagwerkz., Preßmatrizen.
		G5	G5	G5	Kalt- u. Warmschlagwerkz. für Schraubenfertigung.
			G6	G6	Kaltschlagwerkzeuge, Formteile hoher Zähigkeit.

Anmerkung: Die Sorten S 4 und Universal sind erst nach dem Kriege erschienen und daher in DIN 4990 (1942) nicht enthalten. Siehe Fußnote S. 4.

[1] Böhlerit, Titanit und Widia sind hier als Beispiele genannt. Alle auf dem Markt befindlichen HM-Marken zu erwähnen, ist hier schon aus Platzmangel nicht möglich. Durch die Erwähnung oder Nichterwähnung von Erzeugnissen soll hier in keinem Fall ein Werturteil zum Ausdruck gebracht werden.

Tabelle 3. *Zusammensetzung und Eigenschaften der Hartmetalle.*

Hartmetall	Chem. Zusammensetzung %			Wichte	Härte n. Vickers	Biege-Festigkeit	Druck-Festigkeit	E-Modul	Wärmedehnzahl
	WC	TiC	Co	g/cm³	kg/mm²	kg/mm²	kg/mm²	kg/mm²	10^{-6}/°C
G6	70	—	30	12,7	950	280	300	35000	7,5
G5	75	—	25	13,1	1050	270	330	47000	7,0
G4	80	—	20	13,4	1100	260	370	50000	6,5
G3	85	—	15	13,7	1200	240	415	54000	6,0
G2	89	—	11	14,2	1300	210	465	58000	5,5
G1	94	—	6	14,8	1500	160	580	62000	5,0
H1	94	—	6	14,8	1600	150	590	63000	5,0
H2[1]	91,5	—	7	14,4	1800	135	620		5,0
S3	88	5	7	13,3	1550	150	500	59000	5,5
S2	77	15	8	11,3	1600	140	480	58000	6,2
S1	78	16	6	11,2	1700	110	460	54000	6,0
F1	69	25	6	9,9	1750	80		52000	7,0

[1] mit TaC + VC-Zusätzen.

6. Verschleißarten. Bei jedem Zerspanungsvorgang ist die Werkzeugschneide einem mehr oder weniger starken Verschleiß unterworfen. Den Verschleiß beeinflussen:

a) Der zu zerspanende *Werkstoff* (Härte, Zerspanbarkeit, Gefügezustand),
b) die *Schnittbedingungen* (Schnittgeschwindigkeit, Spanquerschnitt),
c) die *Werkzeugschneide* selbst (Form, Güte, Härte, Schneidenwerkstoff).

Die einzelnen Werkstoffe verhalten sich gegenüber der Werkzeugschneide entsprechend ihren Eigenschaften sehr unterschiedlich. Deshalb sind auch die Abstumpfungsmerkmale ganz verschieden (Abb. 1). Die Auswahl der Hartmetallsorten muß daher nach der Beanspruchung getroffen werden.

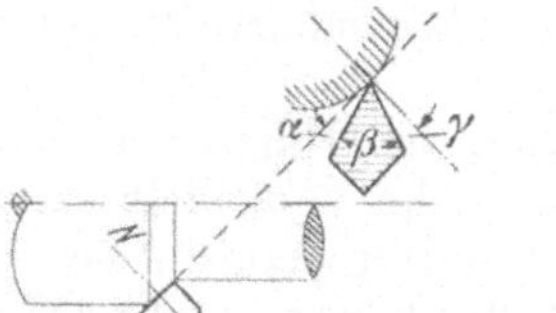

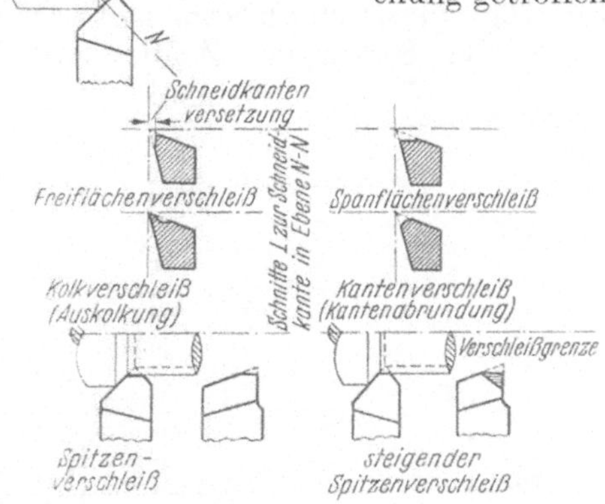

Abb. 1. Verschleißformen am Drehmeißel (Bezeichnungen an der Meißelschneide s. Abb. 47 u. 51). (*Titanit*-Fabrik, Krefeld [1]).

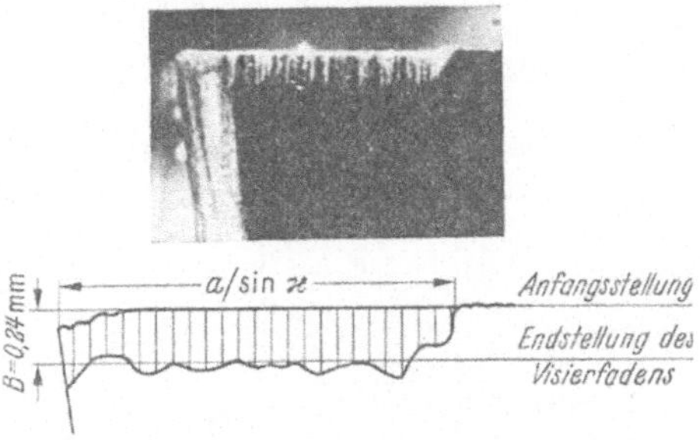

Abb. 2. Freiflächenverschleiß und Ermittlung der Verschleißmarkenbreite *B*. *a* Schnittiefe (Abb. 48), $\varkappa$ Einstellwinkel (Abb. 51). (*Titanit*-Fabrik.)

Beim Zerspanen von *Grauguß* entsteht ein kurzer, bröckeliger Span. Der Wärmeabfluß über die Spanfläche ist schlecht, da der Span die Werkzeugschneide nur kurzzeitig berührt. Der Hauptverschleiß zeigt sich an der Freifläche (Abb. 2). Bei der Bearbeitung von *Stahl* ist die Wärmebeanspruchung der Werkzeugschneide infolge höherer Schnittemperaturen wesentlich größer als bei Grauguß (verschiedene

[1] Die Firmen-Namen werden nur das erstemal ausführlich, danach gekürzt angegeben.

Spanformen, Abb. 3). Durch den höheren Schnittdruck und die Reibungswärme, die der lange Span beim Abfließen über die Spanfläche entwickelt, bildet sich bei niederen Schnittgeschwindigkeiten die sogen. Aufbauschneide (Abb. 4), d. h. Teile

a b c d

Abb. 3a—d. Spanformen n. Prof. SCHWERD. (*Titanit*-Fabrik.) *a* Scherspan; *b* Reisspan; *c* u. *d* Fließspäne bei verschiedenen Geschwindigkeiten.

des abfließenden Werkstoffes werden mit der Schneide verschweißt. Die Aufbauschneide verändert sich ständig. Sie wird nach einer gewissen Zeit immer wieder zerstört, abgetragen und wieder aufgebaut. Dieser Vorgang ist an der ungleichmäßigen und rauhen Werkstückoberfläche gut zu beobachten. Erhöht man die Schnittgeschwindigkeit, so verschwindet die Aufbauschneide, dafür tritt aber eine neue Verschleißart auf — die Auskolkung der Spanfläche. Dieser Verschleiß beruht sowohl auf thermischer als auch auf chemischer Einwirkung. Der Kolkverschleiß schwächt die Werkzeugschneide und bringt sie vorzeitig zum Erliegen.

Abb. 4. Aufbauschneide.

7. Härte und Verschleißfestigkeit. Man hat grundsätzlich zwischen der tatsächlichen Härte der Schneide und ihrer Warmhärte zu unterscheiden.

a) Die Härte der HM-Schneide entspricht der Härte der Karbide (Tab. 3). Hohe Härte bedeutet immer hohe Verschleißfestigkeit (Abb. 5), wobei allerdings jede der beiden Hartmetallgruppen für sich betrachtet werden muß. Bei den Sorten der Wolframkarbid-

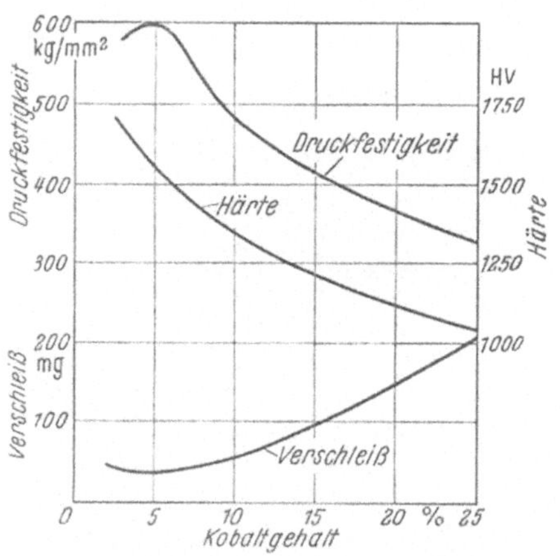

Abb. 5. Druckfestigkeit, Härte und Verschleiß der Wolframkarbid-Kobaltlegierungen in Abhängigkeit vom Kobaltgehalt. (n. E. AMMANN und J. HINNÜBER.) Dem Höchstwert der Druckfestigkeit entspricht der niedrigste Wert des Verschleißes.

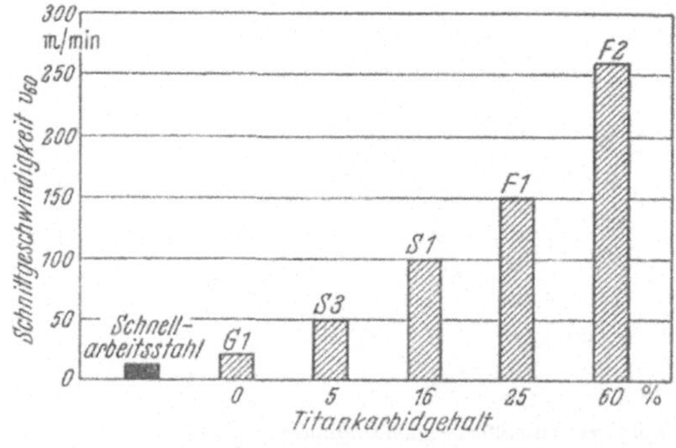

Abb. 6. Einfluß des Titankarbidgehaltes auf die Schnittgeschwindigkeit bei 60 min Standzeit. Stahl mit 100 kg/mm² Festigkeit, Spantiefe $a = 1$ mm, Vorschub 0,18 mm/U. (n. E. AMMANN und J. HINNÜBER.)

Gruppe nimmt die Härte und Verschleißfestigkeit mit der Feinkörnigkeit im Gefüge zu, also von G6 in Richtung H2. Die Zähigkeit nimmt in der gleichen Richtung mit kleiner werdendem Co-Gehalt ab. Co steigert die Stoßempfindlichkeit. Die Sorten der Wolframkarbid-Titankarbid-Gruppe verhalten sich ähnlich. Hier steigt die

Härte und Verschleißfestigkeit mit zunehmendem TiC-Gehalt, also in Richtung der Sorten S1 und F. Das TiC ist wesentlich härter als das WC und hat bei hohen Schnittgeschwindigkeiten weniger die Neigung, mit Stahl zu verschweißen. Diese Sorten sind kolkverschleißfester, dafür aber stoßempfindlicher (Abb. 6).

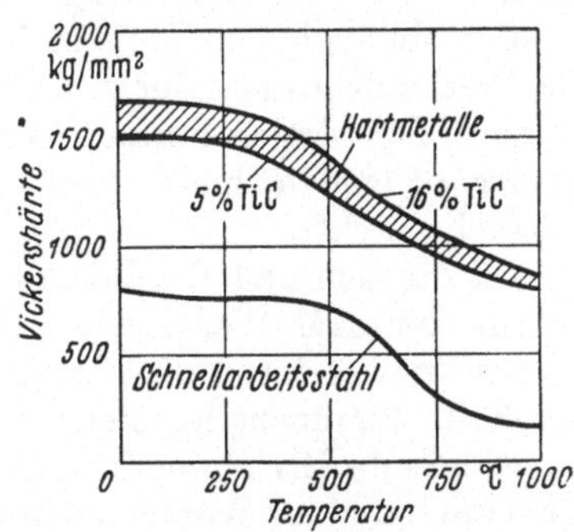

Abb. 7. Warmhärte von Hartmetallen mit verschiedenem Titankarbidgehalt und von SS-Stahl. (n. J. HINNÜBER.)

b) Die Warmhärte ist eine hervorstechende Eigenschaft der HM. Sie beruht auf der Tatsache, daß die hochschmelzenden Karbide ihre Härte selbst bei hohen Arbeitstemperaturen (bis 900° C) nicht verlieren. HM sind deshalb den Stählen in ihrer Schnittleistung erheblich überlegen. Zunehmender TiC-Gehalt erhöht die Warmhärte (Abb. 7). Zusätze von Tantalkarbid steigern ebenfalls die Warmhärte, zunehmender Co-Gehalt vermindert sie. Die Sorte „S4" ist eine WC–TiC–TaC-Legierung mit stark erhöhtem Co-Gehalt. Sie besitzt gegenüber der Sorte S3 eine geringere Warmhärte, ist dafür aber zäher. Ihr Anwendungsgebiet bei der Stahlbearbeitung liegt zwischen Schnellstahl und den bisherigen S-Sorten.

III. Voraussetzung für den erfolgreichen Einsatz der Hartmetalle.

8. Allgemeines. Durch Einsatz von HM-Werkzeugen als Rationalisierungsmittel beim Zerspanen können die Fertigungskosten unmittelbar durch *kürzere Fertigungszeiten (Lohnkosten)* und mittelbar durch *niedere Werkzeugkosten* je erzeugte Einheit *(Gemeinkosten)* beeinflußt werden. Ersparnisse solcher Art sind jedoch nur dann zu erwarten, wenn die Voraussetzungen für einen erfolgreichen Einsatz gegeben sind. Es sind deshalb bei der Planung folgende Einflußgrößen erst daraufhin zu untersuchen:

9. Das Werkstück. Der Werkstoff und seine Bearbeitbarkeit. Die Form in bezug auf Starrheit beim Spannen. Die Aufnahmefähigkeit der zu erwartenden Schnittkräfte. Die Bearbeitungszugabe. Die gewünschte Maß- und Formgenauigkeit. Die Oberfläche vor und nach der Bearbeitung.

10. Die Maschine. Ihre Bauart in bezug auf Starrheit und erschütterungsfreien Antrieb mit hoher Leistung. Ruhiger, schwingungsfreier Lauf, auch bei hohen Drehzahlen. Einwandfreie Lagerung der Hauptspindel sowie gute Schlitten- und Tischführungen. Günstiger Drehzahlbereich. Die Beachtung der meisten Punkte gilt auch für die Spanneinrichtung.

11. Das Werkzeug. Die Wahl wird zunächst von der vorhandenen Maschine beeinflußt. Starre Bauart mit kurzer, schwingungsfreier Einspannung. Dem Werkstoff und den Arbeitsbedingungen angepaßte HM-Sorte in Verbindung mit günstigen Schneidwinkeln und der notwendigen Schneidengüte. Guter und gefahrloser Spanablauf. Ausreichende Unterstützung der Schneidplatten. Genügende Festigkeit des Trägerwerkstoffes. Günstiger Auftreffpunkt der Schneidenspitze. Genauer Rundlauf bei umlaufenden, mehrschneidigen Werkzeugen. Richtige Instandhaltungsmöglichkeit.

12. Die Arbeitsbedingungen. Schnittgeschwindigkeit, Spantiefe und Vorschub sind hier die wichtigsten Größen, die sinnvoll aufeinander abgestimmt werden müssen. Die Wahl dieser Daten sollte nicht der Werkstatt überlassen werden, sondern wohlvorbereitet ebenso wie der ganze Arbeitsablauf im Fertigungsplan niedergelegt sein. Die Schnittgeschwindigkeit richtet sich in der Hauptsache nach der Zerspanbarkeit des Werkstoffes und der Werkzeugauswahl. Sie beeinflußt die Standzeit der Schneide maßgeblich. Der Vorschub in Verbindung mit der Spantiefe ist u. a. abhängig von der Starrheit der Maschine, der Vorrichtung, des Werkzeuges, des Werkstückes und der verlangten Oberfläche. Er bestimmt die Leistung je Zeiteinheit. Die idealen Voraussetzungen sind bei der Bestimmung dieser Größen nicht immer zu finden, meist wird erst ein brauchbarer Kompromiß den HM-Einsatz möglich machen.

13. Mensch und Organisation. Die *Maschinenbedienung* muß mit den Eigenheiten der HM-Werkzeuge vertraut gemacht werden, besonders dann, wenn es sich um ungelernte Kräfte handelt. Dies ist in der industriellen Fertigung meist der Fall. Werkzeugingenieur, Betriebsleiter und Meister sind die Organe, die eine fortwährende Erziehungsarbeit zu leisten haben. Die Bedeutung einer ständigen Überwachung des Werkzeugeinsatzes ist nicht zu unterschätzen. Es kann dadurch einmal die Werkzeugkonstruktion beeinflußt werden, um zu Werkzeugformen und HM-Sorten bester Leistung zu kommen, des weiteren wird die Werkstatt zur Einhaltung der vorgeschriebenen Arbeitsbedingungen, guter Behandlung des Werkzeuges, rechtzeitigem Wechsel, richtiger Instandhaltung und Lagerung angehalten. Die *Prüfung der Werkzeuge* spielt dabei eine große Rolle. Sie soll erfolgen:

1. bei der Anlieferung (Fremdbezug oder Eigenfertigung) auf richtige Form, Ausführung, Schneidengüte, Schneidenschutz,
2. nach Gebrauch auf Behandlung, Abstumpfung, Schneidenausbrüche,
3. nach der Instandhaltung auf richtige Schneidwinkel, Schneidengüte, Schleifrisse, Schneidenschutz.

Das *Scharfschleifen* darf auf keinen Fall der Maschinenbedienung überlassen bleiben, sondern muß in besonders dafür eingerichteten Schleifabteilungen von geschulten Schleifern durchgeführt werden (s. Abschn. 34). Das Umschleifen von HM-Werkzeugen auf andere Formen sollte wegen der hohen Schleifkosten (Diamantscheibenverbrauch) möglichst unterbleiben. Ebenso kann eine übermäßig große Schneidenabstumpfung nur mit erheblichem Aufwand an Schleifzeit und Schleifmittel wieder beseitigt werden, abgesehen davon, daß ein stumpfes Werkzeug Maßhaltigkeit und Oberfläche des Werkstückes verschlechtert. Eine weiter fortschreitende Stumpfung führt nach einer gewissen Zeit zu Ausbrüchen und Zerstörung der Werkzeugschneide.

14. Fremdbezug oder Eigenfertigung. Ausschlaggebend ist die Wirtschaftlichkeit (s. Abschn. 75). HM-Werkzeugverbraucher ohne geeigneten Werkzeugbau werden in der Regel die Erfahrungen der Werkzeugfabriken in Anspruch nehmen. Sie haben dadurch nicht nur die Möglichkeit, sich fachmännisch beraten zu lassen, sondern auch die Gewähr, daß sie für ihr Geld Werkzeuge bekommen, die ihren Ansprüchen genügen. Es gibt heute für die meisten Bearbeitungsfälle Normwerkzeuge nach DIN oder Herstellernorm, die größtenteils ab Lager lieferbar sind. Solche „Marken"-Werkzeuge stellen in Form und Ausführung höchsten technischen Entwicklungsstand dar. Will man unabhängig vom Lieferanten in der Lage sein, in kürzester Zeit Sonderwerkzeuge herzustellen, und dabei den eigenen Werkzeugbau heranziehen, so müssen geeignete Fachleute und eine zweckmäßige Einrichtung zur Verfügung stehen. Die Erfahrung hat gezeigt, daß die Eigenfertigung nur dann wirtschaftlich betrieben werden kann, wenn ein größeres Lager an HM-Platten und Formkörpern verschiedener Abmessungen und Sorten unterhalten wird. Diese sind nach Sorten streng getrennt, möglichst in der Originalpackung, unter Verschluß zu lagern. Hinzu kommt eine Auswahl Trägerwerkstoffe, die ebenfalls in den gängigsten Abmessungen ständig geführt werden muß. Die Werkstatteinrichtung zum Löten und Schleifen ist selbstverständliche Voraussetzung und richtet sich im einzelnen nach Art und Anzahl der zu fertigenden Werkzeuge.

Meist wird man mit der Herstellung von Drehstählen beginnen. Diese Werkzeuge sind verhältnismäßig einfach zu fertigen und die Einrichtung ist in den meisten Betrieben vorhanden. Zur Konstruktion und Herstellung schwieriger Werkzeuge, wie Fräser, Bohrer, Reibahlen, Meßzeuge usw., gehe man erst, wenn genügend Erfahrungen vorliegen.

IV. Verarbeitung der Hartmetalle.

A. Trennen.

15. Allgemeines. Zur Bestückung von Schneidwerkzeugen kommen bevorzugt DIN-Schneidplatten in Betracht. In vielen Fällen wird man mit diesen Normplatten allein nicht auskommen. Hier lohnt es sich, bei immer wiederkehrenden Formen *Sonderplatten* zu beschaffen. Der Mehrpreis ist unerheblich gegenüber den Schleifkosten und dem HM-Verlust beim Umschleifen. Bei unsachgemäßem Trennen größerer Platten besteht immer die Gefahr ihrer völligen Zerstörung. Für Einzelfertigungen, zu denen ungenormte Plattengrößen gebraucht werden, empfiehlt es sich, Stäbe in verschiedenen Abmessungen bereit zu halten. Einzelstücke können dann je nach Bedarf abgetrennt werden. Zur Bestückung anderer Werkzeuge, Maschinenteile usw. sei auch auf die in Abschn. 4 besprochenen Sonderformen nach Herstellernormen hingewiesen.

16. Brechen erfordert Übung und einige Hilfsmittel. Mit der Wolframnadel eines elektrischen Schreibgerätes wird die Platte allseitig gut angeritzt (größte Stromstärke einstellen). Der an der Nadelspitze entstehende elektrische Funke erzeugt kleine Einbrandstellen im HM, die besonders an den Kanten der Trennstelle gut ausgeprägt sein müssen. Eine einfache Anreißvorrichtung erleichtert diese Arbeit. Die so angeritzte Platte wird auf einer geschlitzten, ebenen Unterlage (Abb. 8) mit einem scharfen, schlank geschliffenen Flachmeißel mit *einem* kurzen Schlag durchgebrochen. Mit einiger Geschicklichkeit sind Platten auf diese Weise sauber zu trennen. Schräges Trennen gelingt bei dünnen Platten selten. Spröde Sorten sind leichter zu trennen als zähe.

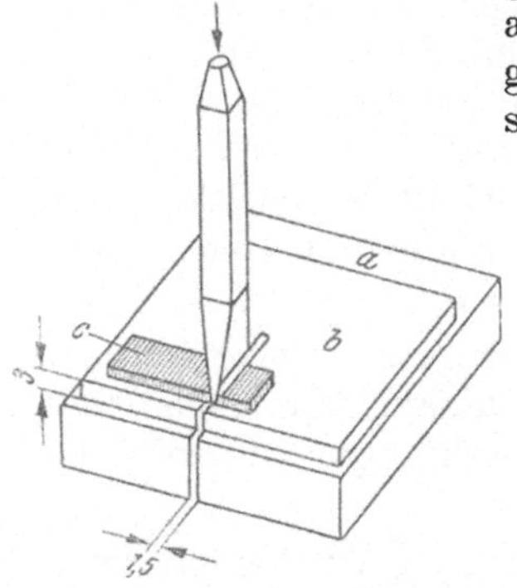

Abb. 8. Durchbrechen von Hartmetallplatten. *a* Stahlplatte, *b* Fiberplatte, *c* zu brechende Hartmetallplatte.

Abb. 9. Sägemaschine zum Trennen von Hartmetallplatten. (*E. Winter & Sohn*, Hamburg.)

17. Sägen mit der Diamantsäge (Abb. 9). Die kleine Maschine ist zweckmäßig zum Zersägen von Platten und Stäben, die nach oben beschriebener Art nicht getrennt werden können. Die Werkstückaufnahme ist um ihre Achse drehbar; dadurch kann jeder Winkel gesägt werden. Das Diamantsägeblatt von der Größe $100 \times 0{,}5 \times 20$ läuft mit $n = 4000$ U/min.

B. Der Werkzeugkörper.

18. Allgemeines. Der Teil des Werkzeuges, der die HM-Schneidplatten trägt, ist der Trag- oder Werkzeugkörper. Er muß die Schnittkräfte ohne Formänderung aufnehmen können und der Schneidplatte eine ausreichende Unterstützung geben. Je nach Werkzeugart und Beanspruchung können Zug-, Druck-, Biegungs-, Verdrehungskräfte und Verschleiß auftreten. Die Form des Tragkörpers soll eine kraftschlüssige, schwingungsfreie Verbindung mit der Maschine herstellen. Es muß aber gleichzeitig die Möglichkeit gegeben sein, diese Verbindung rasch und leicht zu lösen. Der Tragkörper darf ferner den Spanabfluß nicht behindern. Soweit die Verbindung zwischen Träger- und Schneidplatte durch Löten hergestellt werden soll, verlangt man noch gute Löteigenschaften. Für viele Werkzeuge genügen unlegierte Baustähle mit einem C-Gehalt von 0,5—0,9%. Diese lassen sich in allen Fällen auch gut löten. Allgemein wähle man für:
leichte Beanspruchung einen Werkstoff mit 60—70 kg/mm²,
mittlere Beanspruchung einen Werkstoff mit 80 kg/mm²,
höhere Beanspruchung einen Werkstoff mit 90—100 kg/mm² Festigkeit.

Muß aus konstruktiven Gründen der Trägerquerschnitt klein gehalten werden, so ist dafür ein Werkstoff höherer Festigkeit zu nehmen. Das HM darf keinesfalls auf Biegung beansprucht werden. Für dünne Werkzeuge, wie Bohrer, Senker, Reibahlen usw., die auf Verdrehung und zum Teil auf Verschleiß an den Schäften beansprucht werden, stehen legierte Bau- und Werkzeugstähle zur Verfügung, z. B. niedrig legierter Schnellstahl der Klasse ABD III. Bei diesen Stählen hat man die Möglichkeit, den Schaft aus der Löthitze heraus an der Luft zu härten. Auch das Nitrieren bietet Möglichkeiten, die Schäfte verschleißfest zu machen. Höher legierte Stähle machen beim Löten Schwierigkeiten, da manche Metalloxyde, insbesonders die des Chroms, schwer löslich sind und von Flußmitteln nur unvollkommen reduziert werden. Dünne Bohrstähle, Bohrer, Reibahlen, Schaftfräser, Metallkreissägen usw. werden auch aus *Vollhartmetall* hergestellt (Abb. 10).

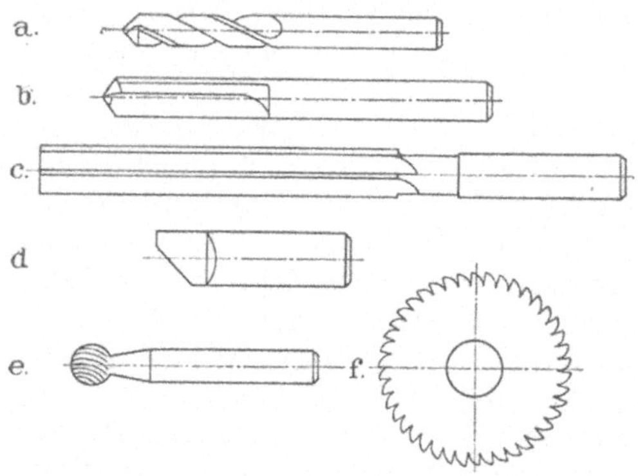

Abb. 10a—e. Vollhartmetallwerkzeuge. *a* und *b* Bohrer, *c* Reibahle, *d* Anfasstahl, *e* Fräser, *f* Kreissäge.

19. Vorbereitung zum Löten. Zur Erzielung einer guten Lötverbindung sind die nötigen Vorarbeiten, die man einem geübten Fachmann übertragen sollte, sorgfältig auszuführen. Die Fertigbearbeitung des Werkzeuges und seine Güte sind weitgehend von diesen Arbeiten abhängig.

Der *Plattensitz* ist so anzufräsen, daß beim späteren Anschleifen der Schneidwinkel möglichst wenig Stahl abgeschliffen werden muß. Wenn es die Werkzeugkonstruktion zuläßt, ist die Platte nicht vollständig in den Trägerkörper zu versenken. Aus Festigkeitsgründen genügt es, wenn sie an ihrer Hauptunterstützungsfläche gelötet wird und seitlich bzw. am Rücken nur so tief sitzt, wie zur Anlage beim Löten nötig ist. Allseitig gelötete Platten sind immer großen Zugspannungen ausgesetzt (Abb. 56). Bei umlaufenden, mehrschneidigen Werkzeugen ist die Schlitzlötung manchmal nicht zu umgehen. Die Ausbildung solcher Plattensitze zeigt Abb. 11. Die Anordnung nach Abb. 11a ist in bezug auf die im HM auftretenden Lötspannungen am ungünstigsten. Man sollte sie deshalb auch nur bei kleinen Werkzeugen anwenden. Besser ist die Ausführung nach Abb. 11b mit Haltesteg. Der schmale Steg hält die Platte beim Löten, erzeugt aber keine großen Spannungen in der Platte. Bei großen Werkzeugen fräst man die Zahnform vollständig aus (Abb. 11c) und drückt die Platte mittels Kohlestift an. Beim Fräsen der Schlitze ist eine Lötspaltbreite von 0,1—0,2 mm vorzusehen. Die Einhaltung dieser Forderung wird erschwert durch die ungleichmäßige Stärke der HM-Platten. Man hilft sich dadurch, daß man zum Ausgleich Folien oder Drahtnetze beilegt (s. Abschn. 20). Die HM-Platte ist metallisch blank und an ihren Hauptsitzflächen eben zu schleifen. Ecken und Kanten, die in der Lötnaht liegen, sind zu runden. Die so vorbereiteten Teile werden zusammengesetzt und mit Bindedraht in ihrer Lage festgehalten. Sie sind dann zum Löten fertig.

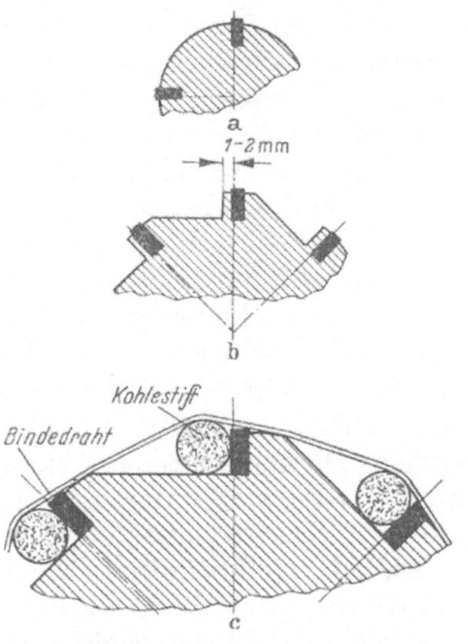

Abb. 11a u. b. Anordnung und Befestigung von HM-Platten zum Löten bei umlaufenden Werkzeugen.
a Schlitzlötung (für kleine Werkzeuge unter 12 mm ∅);
b mit Haltesteg (Spannuten sind vorgefräst);
c nur Rückenlage, mit Kohlestift und Draht gehalten (Spannuten fertiggefräst).

C. Die Lötverbindung.

20. Verhalten der Werkstoffe. Beim Löten [*3*] von HM auf Stahl werden 2 Werkstoffe mit verschiedenen thermischen Eigenschaften durch das Lot (meist Kupfer) miteinander verbunden. Die Wärmeausdehnungszahlen von Stahl zu HM verhalten sich im Mittel wie 12,2 : 5,3. Bei der Erwärmung auf Löttemperatur dehnen sich also beide Werkstoffe verschieden aus, können sich aber beim Abkühlen, nach dem Erstarren des Lotes, nicht mehr auf ihre ursprüngliche Größe zusammenziehen. Es bleiben sowohl im Stahl, als auch in der HM-Platte Zug- und Druckspannungen [*4*] zurück. Während die Druckspannungen für das HM keine Gefahr bedeuten, können die Zugspannungen in der der Lötnaht abgekehrten Seite zum Reißen der Platte führen, da das HM praktisch keine plastische Verformung verträgt. Bei großen Platten der Sorten mit hohem Titangehalt, aber auch bei H 2 ist aus diesem Grunde Vorsicht geboten. Diese sind infolge ihrer Sprödigkeit sehr lötempfindlich. Der Festigkeit des Trägerwerkstoffes und dem Verhältnis $H : h$ (Abb. 56) kommt größte Bedeutung zu. Ein in der Praxis erprobtes Verhältnis ist $H : h = 4—5 : 1$. Wird H wesentlich kleiner, so nehmen die Spannungen in der HM-Platte zu. Manchmal zeigen sich Spannungsrisse gleich nach dem Löten, viel häufiger aber erst beim Schleifen oder im Einsatz (Abb. 12). Ein muschelförmiger Bruch der HM-Platte deutet immer auf unzulässig hohe Spannungen hin. *Spannungen* entstehen beim Löten *immer*, man kann sie nicht vermeiden, sondern höchstens durch Anwendung niedriger Löttemperaturen klein halten. Eine Verbreiterung der Lötnaht durch Verwendung von Ausgleichsfolien und Gittereinlagen trägt zum Abbau dieser Spannungen mit bei (Abb. 56 u. 104). Gute Lötverbindungen ergeben Folien aus beiderseits verkupfertem Eisenblech, Nickeldrahtgewebe, vernickeltem, verkupfertem oder verzinktem Eisendrahtgewebe in Stärken von 0,25—0,35 mm für Platten bis etwa 6 mm Stärke. Die zu Blechen ausgewalzten Lote stellen keine Zwischenlagen im obigen Sinne dar.

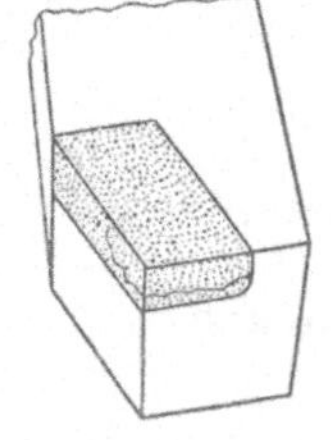

Abb. 12. Spannungsriß.

21. Der Lötvorgang. Beim Hartlöten sind die zu verbindenden Teile auf die *Arbeitstemperatur* des Lotes (bei Kupfer 1100—1150° C) zu erwärmen. Sie liegt etwas höher als sein Schmelzpunkt (Kupfer 1083° C). Während dieses Vorganges ist der Zutritt von Luftsauerstoff zu verwehren, bereits vorhandene Oxydschichten sind an den Lötflächen zu lösen. Geeignete Vorkehrungen sind: Gasüberschuß, reduzierend wirkendes Schutzgas und Flußmittel. Das Lot verbreitet sich, nachdem es seinen Schmelzpunkt erreicht hat, infolge Kapillarwirkung des schmalen Lötspaltes rasch über die ganze Lötfläche aus. Diese Kapillarkräfte werden auch durch die Verwendung von Drahtgittereinlagen nicht aufgehoben; im Gegenteil, diese fördern die gleichmäßige Verbreitung des Lotes. Eine gute Lötverbindung erhält man nur, wenn Tragkörper und HM-Platte ausreichend erwärmt und die Lötflächen metallisch blank sind. Schmilzt das Lot, bevor das Lötgut genügend vorgewärmt ist, erhält man eine mangelhafte Benetzung der Lötfläche. Während des Lötvorganges diffundieren Lot und Werkstoffe an den Grenzschichten mehr oder weniger ineinander, wobei Löttemperatur und Verweilzeit in der Löthitze eine Rolle spielen. Die Diffusion von Stahl in die Lötnaht hat ein Ansteigen der Lotfestigkeit zur Folge, die im Hinblick auf seine elastischen Eigenschaften unerwünscht ist. Es darf deshalb eine Haltezeit in der Löthitze von 60 s bei Kupfer nicht überschritten werden. Die anschließende Abkühlung *kann* im oberen Temperaturbereich schneller (an der Luft), *muß* unterhalb 950° C dagegen verzögert erfolgen (eingepackt in gemahlener Elektrodenkohle) [5].

22. Lote und Flußmittel. Die Auswahl des Lotes richtet sich wesentlich nach Art und Konstruktion des Werkzeuges sowie der Beanspruchung der Lötnaht. Scherfestigkeit und Schmelzpunkt sind dabei von Bedeutung. Das anzuwendende Lötverfahren ist zu berücksichtigen. Einige gebräuchliche Lote und Flußmittel gibt Tab. 4 an.

Tabelle 4. *Einige gebräuchliche Lote und Flußmittel.*

Lot	Zusammensetzung	Schmelzpunkt °C	Flußmittel
Kupfer	Elektrolytkupfer ≈ 100% Cu	1083	Borax
Kupfer-Nickel-Legierung	80% Cu; 10% Ni; Rest Mn, Zn, P	~1100	Borax
Bronze	90% Cu; 10% Sn	~1000	Borax
Messing MS 63	63% Cu; 37% Zn	~ 930	Borax
Silber	27% Ag; 20% Zn; 39% Cu; Rest Ni, Mn	~ 840	Degussa S
Silber	48% Ag; 20% Zn; 18% Cu Rest Ni, Mn	~ 680	Degussa H
Weichlot	35—50% Sn; 50—65% Pb	~ 250	Degussa Z

a) Elektrolytkupfer ist für die meisten Lötfälle im Werkzeugbau das bewährte Hauptlot. Seine mittlere Scherfestigkeit liegt bei 25 kg/mm². Wegen seines hohen Schmelzpunktes verträgt die Kupferlötung die bei gewöhnlichen Zerspanungsverhältnissen an der Schneide auftretende Erwärmung. Man kann mit und ohne Ausgleichsfolien löten. Nach dem Erkalten ist eine nachfolgende Warmbehandlung der Lötstelle über 300° C nicht zu empfehlen, da die Scherfestigkeit der Lötverbindung oberhalb dieser Temperatur erheblich absinkt (Abb. 13). Eine notwendige Vergütung oder Härtung des Trägerwerkstoffes ist zweckmäßig aus der Löthitze vorzunehmen.

b) Cu-Ni-Lote haben ungefähr die gleiche Scherfestigkeit wie Kupfer, jedoch einen etwas höheren Schmelzpunkt. Die dadurch höher liegende Warmfestigkeit dieser Verbinlung kann da ausgenützt werden, wo sehr hohe Schnittemperaturen an der Schneide auftreten, z. B. Schruppschnittwerkzeuge oder auch bei HM-Sorten höherer Zähigkeit. Die Lötnaht ist wenig elastisch, es wird deshalb zweckmäßig mit Ausgleichsfolien gelötet.

c) Bronzelote besitzen eine etwas höhere Festigkeit als Kupfer, sind jedoch spröder und für größere Platten nicht geeignet.

d) Messinglote: MS 63 und ähnliche Legierungen. Scherfestigkeit etwa 90% des Kupfers und höher. Vorteilhaft ist die etwas niedrigere Löttemperatur (rd. 1000° C einhalten). Die Haftfähigkeit ist schlechter als bei Kupfer. Messinglote schmelzen rasch und sind erst nach genügender Vorwärmung des Lötgutes aufzubringen. Nachträgliche Warmbehandlung der Lötnaht ist zu vermeiden. Möglichst mit Folien löten.

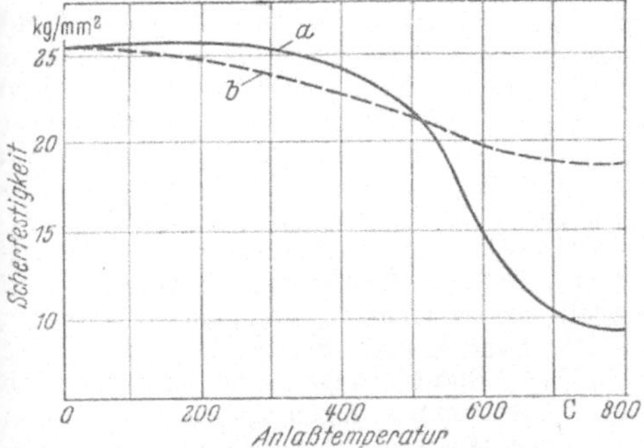

Abb. 13. Scherfestigkeit der Lötverbindung in Abhängigkeit von Anlaßtemperatur und Foliendicke bei nachgeschalteter Warmbehandlung (n. BEUTEL). Hartmetall G 1 15 mm ∅; Trägerwerkstoff leg. Werkzeugstahl; Lotmetall Elektrolytkupfer; Schutzgaslötung; Anlaßbehandlung: Glühöfen 30 min; Folienstärke: $a = 0{,}25$, $b = 0{,}9$ mm.

Abb. 14. Muffelofen mit Vorwärmekammer. (*W. Ruppmann*, Stuttgart.)

e) Silberlote geben gute Lötnähte hoher Festigkeit. Mittlere Scherfestigkeit wie Kupfer und zum Teil höher. Wegen ihres niederen Schmelzpunktes vertragen silbergelötete Werkzeuge keine hohen Schneidetemperaturen. Sie werden bevorzugt bei lötempfindlichen HM-Sorten angewendet, da durch die niedere Löttemperatur die Randspannungen gering bleiben. Geeignet für Schlicht- und Feinbearbeitungswerkzeuge. Legierte Stähle lassen sich mit Silberlot verhältnismäßig gut löten. Fließzeit rd. 30 s. Niedrig schmelzende Flußmittel verwenden.

f) Weichlote auf Zinnbasis kommen für Zerspanungswerkzeuge kaum in Frage. Sie sind nur da anwendbar, wo keine Betriebstemperaturen zu erwarten sind und nur kleine Kräfte übertragen werden. Scherfestigkeit etwa 15% des Kupfers. Schlechte Benetzungs- und Haftfähigkeit durch vorheriges Verkupfern der HM-Platte verbessern. Geeignet für Verschleißteile mit langen HM-Leisten oder für Werkstücke, die vorher gehärtet werden sollen.

g) Das Flußmittel hat die Aufgabe, den Lötvorgang zu begünstigen. Es soll die Lötflächen bei der Erwärmung gegen Zutritt von Luftsauerstoff schützen und bereits vorhandene Oxyde lösen und fortschaffen. Sein Schmelzpunkt muß niederer liegen, als der des Lotes. Das Flußmittel muß dem Lot angepaßt sein. Ein Flußmittel für niedrig schmelzende Lote ist für hochschmelzendes Kupfer unbrauchbar, da es vorzeitig verdampft und somit keine reduzierende Wirkung mehr ausübt. Für Löttemperaturen über 850° C hat sich entwässerter Borax am besten bewährt. Für niedrig schmelzende Silberlote werden passende Flußmittel (z. B. Degussa S und H) auch flüssig und pastenförmig hergestellt. Das Flußmittel wird aufgegeben, bevor das Lötgut auf Rotglut erhitzt ist, und während der Weitererwärmung, soweit nicht mit Schutzgas gearbeitet wird, reichlich nachgegeben. Bei chromhaltigen Stählen muß besonders reichlich Flußmittel zugegeben werden. Nach dem Erkalten ist die spröde, glasige Masse leicht mechanisch oder chemisch zu entfernen.

23. Lötverfahren.

a) Muffelofen. Zum Hartlöten von einfachen Werkzeugen in der Einzelfertigung und bei kleinen Serien, besonders für Drehstähle und ähnliche Werkzeuge, bedient man sich in weitem Maße des gasbeheizten Muffelofens mit und ohne Vorwärmekammer. Sein Vorteil ist die schnelle Betriebsbereitschaft. Abb. 14 zeigt einen solchen Ofen für Leuchtgasbeheizung. Die Heizflamme entwickelt sich von rückwärts unterhalb des eingelegten Werkstückes in der Lötkammer und umspült es allseitig. Die Abgase werden dann nach oben in den Vorwärmeraum geführt. Die Vorwärmekammer ist breiter gehalten, damit gleichzeitig mehrere

Werkzeuge zum Vorwärmen Platz finden. Zur Vermeidung von Oxydbildung wird mit Gasüberschuß gearbeitet. Bei elektrisch beheizten Öfen ist Schutzgas erforderlich. Als Lot wird vorzugsweise Kupfer in Blech- und Drahtstücken verwendet. Die Ofentemperatur ist entsprechend der Arbeitstemperatur des Lotes einzustellen. Die vorbereiteten Werkzeuge werden zunächst in der Vorwärmzone des Ofens auf rd. 700° C (dunkelrot) langsam erwärmt. Nachdem nochmals reichlich Flußmittel aufgegeben ist, kommen sie in die Lötzone (größte Hitze) des Ofens. Kurz nach dem Verschießen des Lotes wird das Werkzeug herausgenommen und die Schneidplatte mit einem spitzen Werkzeug leicht auf ihren Sitz angedrückt, bis das Lot erstarrt ist. Anschließend läßt man die Lötstelle langsam abkühlen. Plötzliche Abkühlung ist zu vermeiden. Erst nach völliger Abkühlung folgt die Weiterverarbeitung.

b) Schutzgasöfen. 1. *Schutzgas* [*6*]. Die Anwesenheit einer reduzierenden Schutzgasatmosphäre verhindert die Bildung von Metalloxyden und löst bereits vorhandene Oxydhäute. Als Schutzgase eignen sich reine Gase oder Gasgemische, aus welchen Sauerstoff und Wasserdampf entfernt sind. Das beste Schutzgas ist reiner Wasserstoff, da sich dieser mit dem Sauerstoff der Metalloxyde bei hohen Löttemperaturen leicht chemisch verbindet. Sein hoher Preis spricht oft gegen seine Anwendung. Sehr verbreitet ist ein Schutzgas von guter reduzierender Wirkung, das man als Stickstoff-Wasserstoffgemisch durch Spaltung von Ammoniak gewinnt. Ammoniak selbst ist flüssig in Flaschen zu lagern. Ein billiges, brauchbares Schutzgas ist ferner aus Leuchtgas zu gewinnen. Bekannt sind Anlagen, die in besonderen Aufbereitern das Leuchtgas aus dem Leitungsnetz entnehmen und mit Luft in Anwesenheit eines Katalysators teilweise verbrennen. Man erhält ein Schutzgas, das zum größten Teil aus Stickstoff besteht. Der Wasserstoffanteil, das eigentliche Reduktionsmittel, ist etwa 10—25%. Bei Kupferlötung gibt man deshalb kleine Mengen Borax zu.

2. *Durchschub- oder Stoßöfen* liefern einwandfreie Blanklötungen und sind für eine größere Werkzeugfertigung vorteilhaft. Löt- und Kühlkammer liegen hintereinander und werden von Schutzgas (gespaltenes Ammoniak, reiner Wasserstoff) durchspült. Die Lötkammer ist meist elektrisch beheizt und gleichmäßig auf Löttemperatur regelbar (selbsttätige Temperaturregelung mit Anzeigegerät). Den vorbereiteten Werkzeugen wird das Lot, z. B. ein Streifen Kupferblech, aufgelegt bzw. mit Draht festgebunden. Durch ein Schauloch kann der Lötvorgang in der Lötkammer beobachtet werden. Das Werkzeug wird kurz nach dem Verschießen des Lotes aus der Lötzone genommen und in die anschließende Kühlkammer geschoben. Es erkaltet langsam unter Schutzgas. Der Schutzgasverbrauch wird dadurch eingeschränkt, daß man den Ofen nur durch einen schmalen Schlitz in der Tür beschickt.

3. *Der Förderbandofen* arbeitet selbsttätig und wird hauptsächlich in Werkzeugfabriken eingesetzt, wo größere Mengen gleichartiger Werkzeuge zum Löten anfallen. Sein Wirkungsgrad ist erst bei großem Durchsatz gut. Der Ofen Abb. 15 besteht aus Löt- und Kühlkammer,

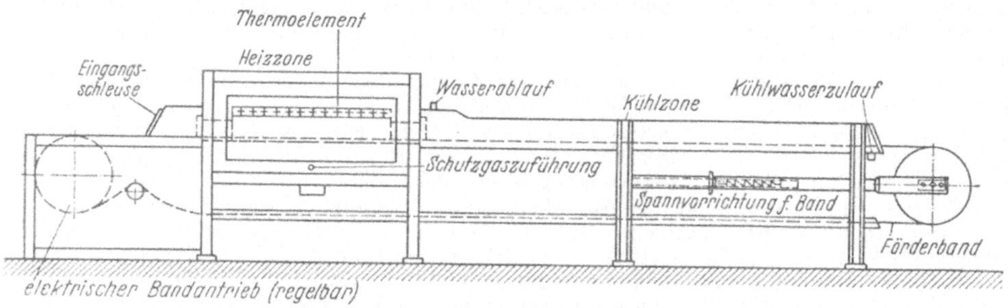

Abb. 15. Elektrisch beheizter Hartlöt-Durchlaufofen mit Schutzgasatmosphäre. (*Siemens-Schuckertwerke.*)

die, hintereinanderliegend, von einem Förderband aus hitzebeständigem Werkstoff durchzogen werden. Die Beheizung der wärmeisolierten Lötkammer ist elektrisch. Die Wärmeübertragung auf das Lötgut erfolgt durch Strahlung. Das Schutzgas, in beschriebener Weise aus Leuchtgas in einer besonderen Anlage erzeugt, durchspült Löt- und Kühlkammer und tritt an beiden Türen mit schwacher Flamme aus. Die Bedienung des Ofens kann ungelernten Kräften überlassen werden, da diesen der Lötvorgang selbst entzogen ist. Die Förderbandgeschwindigkeit ist abhängig von der Erwärmungszeit der Werkzeuge, also von deren Größe, Querschnitt usw. Sie ist so einzustellen, daß die Stahlkörper durchgreifend erwärmt werden, bevor das Lot schmilzt. Man führt deshalb gleichartige Werkzeuge zusammen ein. Das Lot darf erst schmelzen, kurz bevor das Werkzeug die Lötzone verläßt. Das Förderband wird schubweise vorwärts bewegt, d. h. nach einer bestimmten Haltezeit, die einstellbar ist, folgt ein Stück Weitertransport und so fort, bis das Lötgut den ganzen Ofen durchwandert hat. Diese Anordnung hat gegenüber einem ununterbrochen laufenden Förderband den Vorteil, daß das Lötgut verhältnismäßig rasch aus dem Temperaturbereich des Loterstarrungspunktes genommen wird, was sich günstig auf die Scherfestigkeit der Lötverbindung auswirkt. Der Schutzgasverbrauch wird durch die Größe der an den Ofentüren ausbrennenden Flammen bestimmt. Es ist also wirtschaftlich, die beiden Türen nur soweit zu öffnen, wie dies zum Ein- und Austritt der Werkzeuge nötig ist. Die Verbrennungsgase werden von einem Abzug aufgenommen und sind weiter nicht lästig.

Die zum Löten vorbereiteten Werkzeuge werden vor der Beschickungstür so auf das Förderband gelegt oder in geeigneten Kästen aus feuerfestem Werkstoff in Quarzsand eingebettet, daß beim schubweisen Weitertransport Plättchen und Lotstücke nicht verrücken und stehend angeordnete Werkstücke nicht umfallen können. Das Lötgut kommt bei richtiger Arbeitsweise blank aus dem Ofen.

Man erhält auf diese Weise wohl für das Kupferlot die besten Festigkeitswerte, nicht immer aber für den Trägerwerkstoff die erstrebten technologischen Eigenschaften. Die sehr lange auf den gesamten Stahlkörper einwirkende Wärme führt zu Kornwachstum. Wo dies unerwünscht ist, müssen andere Lötverfahren angewendet werden. Silberlote sind in solchen Öfen nicht zu gebrauchen.

c) Der Lötbrenner wird da verwendet, wo andere Löteinrichtungen nicht zur Verfügung stehen oder solche in der Einzelfertigung nicht wirtschaftlich betrieben werden können. Das Verfahren erfordert viel handwerkliches Geschick seitens des Löters, liefert aber, wenn diese Voraussetzungen gegeben sind, recht gute Ergebnisse. Vor allem kann der Lötvorgang gut beobachtet und sowohl das Fließen des Flußmittels, als auch das Verlaufen des Lotes durch geschickte Flammenführung beeinflußt werden. Als Brenngas kann Leuchtgas verwendet werden, das einem Spezialbrenner mit einem Druck von 1800 mm WS zugeführt wird. Der erforderliche Sauerstoffdruck beträgt etwa 1,5 atü. Man arbeitet mit weicher Flamme und Gasüberschuß. Ebenso kann man mit Wasserstoff-Sauerstoff und besonderen Brennern arbeiten. Als Arbeitsplatz wählt man einen eisernen Tisch mit Platten aus feuerfesten Steinen. Mehrschneidige Werkzeuge spannt man in einer einfachen Vorrichtung so ein, daß sie beim Vorwärmen und Löten jeweils in die günstigste Lage gedreht werden können. Scheibenfräser werden von innen nach außen, Schaftfräser vom Schaft her sorgfältig unter langsamer Drehung vorgewärmt. Erst, wenn der Körper 700—800° C angenommen hat, führt man die Flamme, unter reichlicher Zugabe von Flußmittel, vom Zahnrücken aus an die Lötstelle heran. Das Lot wird zweckmäßig in Drahtform benutzt und ähnlich wie beim Schweißen aufgetragen. Nach dem Verfließen des Lotes ist die HM-Platte an ihre Sitzfläche anzudrücken. Etwaige Flußmittelreste werden dabei aus der Lötnaht herausgequetscht. Auf diese Weise kann auch unter Schutzgas gelötet werden. Es wird z. B. Wasserstoff aus einer Druckflasche über ein Druckminderventil mittels Röhrchen an die Lötstelle herangeführt und diese überspült. Legierte Trägerwerkstoffe können so gut gelötet werden. Der Nachteil dieser Lötweise ist hoher Lotverbrauch und viel Verputzarbeit am Werkzeug. Sandstrahlen ist zweckmäßig.

d) Die elektr. Widerstandserhitzung (Abb. 16) wird vielfach zum Löten von Stählen, Bohrern und dgl. angewendet. Das Hartlötgerät besteht aus einem Transformator, der auf verschiedene Stufen schaltbar ist, den Elektroden und der Einspannvorrichtung. Der Strom wird unmittelbar in der Nähe der Lötstelle über eine Elektrode dem Stahlschaft zugeführt. Die stromabführende Seite bildet die Einspannvorrichtung. Schutzgas kann über ein Röhrchen an die Lötstelle herangeführt werden. Der Lötvorgang ist gut zu beobachten. Nach dem Verschießen des Lotes wird der Strom abgeschaltet. Nach Erstarrung des Lotes wird das Werkzeug sofort ausgespannt und in beschriebener Weise abgekühlt. Die Kupferelektroden sind an ihren Kontaktflächen immer blank zu halten, damit ein gleichmäßiger Stromübergang gesichert ist.

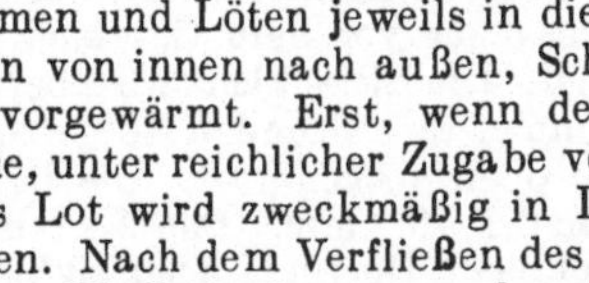

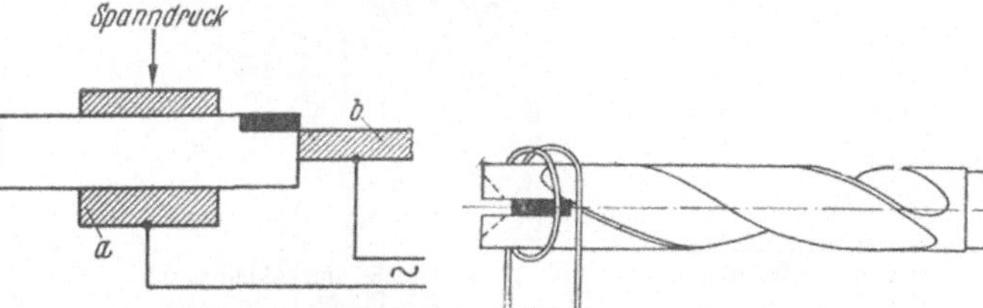

Abb. 16. Schema der elektr. Widerstandserwärmung beim Hartlöten. *a* und *b* Elektroden.

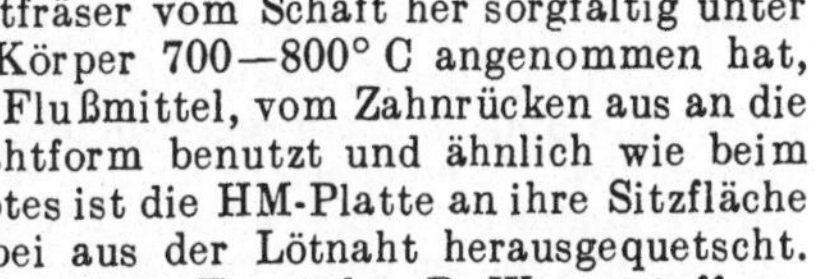

Abb. 17. Schema der Induktionserwärmung beim Hartlöten.

e) Die Induktionserhitzung [7] wird vorwiegend bei der Werkzeugfertigung größeren Umfanges angewendet. Das Werkzeug wird an seiner Lötstelle von einer wassergekühlten, aus wenigen Windungen bestehenden Kupferspule passender Form umgeben (Abb. 17). Der von einem Generator kommende hochfrequente Wechselstrom erzeugt in dieser Spule ein magnetisches Feld und induziert damit im Stahlkörper Wirbelströme, die die Lötstelle schnell und gleichmäßig erwärmen. Sie kann vor allem auf die Lötzone beschränkt werden, so daß eine Überzeitung und Kornvergröberung des Stahles nicht eintritt. Eine etwa notwendige Vergütung des Stahlkörpers kann deshalb auch schon vor dem Löten erfolgen. Der Lötvorgang kann gut verfolgt werden. Bevorzugt werden Silberlote wegen ihres niederen Schmelzpunktes. Auf Schutzgas kann verzichtet werden, wenn nicht gerade auf schöne Blanklötung Wert gelegt wird. Flußmittel sind erforderlich.

D. Andere Verbindungen.

24. Kleben. Die Kunstharzchemie hat in jüngster Zeit Bindemittel entwickelt, die es erlauben, bei niederen Verarbeitungstemperaturen Metalle miteinander zu verkleben [*8*]. Diese Klebemittel können zur HM-Bestückung da angewendet werden, wo Betriebstemperaturen unter 100° C auftreten und an die Scherfestigkeit keine hohen Anforderungen gestellt werden, z. B. Verschleißteile an Maschinen, Vorrichtungen, Messzeugen, aber nicht für Schneidwerkzeuge.

Kunstharzbindemittel („Araldit" der CIBA A. G.) aus der Gruppe der Äthoxylinharze werden in fester (Stangen, Pulver) und flüssiger Form hergestellt. Sie zeichnen sich durch gute Scherfestigkeit (Verbindung von Stahl rd. 5 kg/mm^2) und Widerstandsfähigkeit gegen chemische Einflüsse aus. Die Verarbeitung ist einfach: Die zu verbindenden Flächen werden leicht überschliffen oder sandgestrahlt und tadellos entfettet. Das Kunstharz in fester Form trägt man auf die zu verbindenden Teile bei 130—150° C auf und läßt es verlaufen. Es muß dabei ein lückenloser Bindefilm entstehen. Die Teile werden dann zusammengefügt und zweckmäßig mit Federbügeln leicht verklammert, so daß sie sich nicht verschieben können. Am besten werden sie dann in einem regelbaren Luftumwälzofen bei 110—220° C, je nach Zeitaufwand, ausgehärtet. Wegen der im HM zurückbleibenden Spannungen wählt man möglichst die niedere Temperatur und die lange Haltezeit. Einfacher in der Anwendung ist die flüssige Harzform. Der Kleber wird erst kurz vor dem Gebrauch vermischt, weil er in diesem Zustand nur begrenzte Zeit haltbar ist. Die Flüssigkeit wird bei Raumtemperatur auf die zu verbindenden Flächen aufgetragen und etwa 3 Stunden vorgetrocknet. Anschließend werden die Teile zusammengefügt und wie oben ausgehärtet. Die besten Festigkeitswerte ergeben sich bei einer Klebefugendicke von 0,1—0,2 mm. Das Verfahren erlaubt in einem Arbeitsgang mehrere Bestückungen vorzunehmen. Die im HM zurückbleibenden Spannungen sind gering. Härten oder Vergüten der Stahlkörper sind vor dem Kleben durchzuführen.

25. Einschrumpfen. Werkzeuge der spanlosen Verformung, wie Stauch- und Kaltschlagmatrizen (Abb. 18) haben hohe Verformungsdrücke in radialer Richtung auszuhalten. Auf die HM-Einsätze (Kerne) werden deshalb Stahlfassungen, die genügend stark bemessen sind, warm aufgeschrumpft. Die Schrumpfmaße sind so zu wählen, daß der HM-Kern unter Druck-Vorspannung liegt, die den im Betrieb

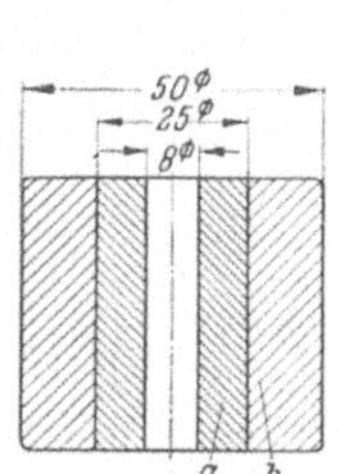

Abb. 18. Kaltschlagmatrize. *a* HM-Einsatz, *b* aufgeschrumpfte Stahlfassung.

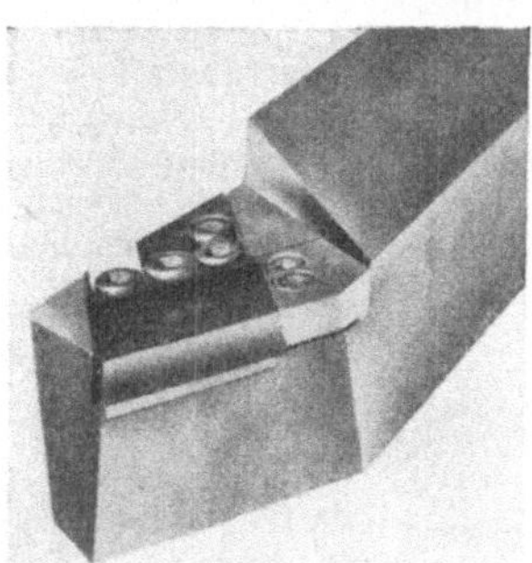
Abb. 19. Drehmeißel mit geklemmter HM-Platte.

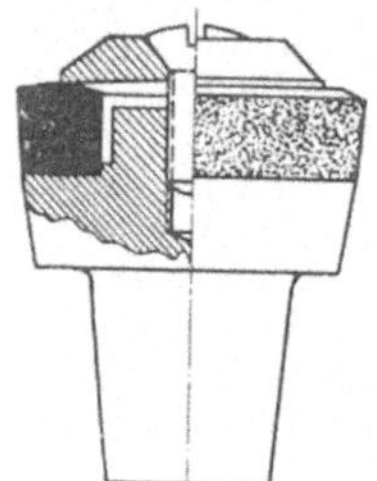
Abb. 20. Drehpilz mit geklemmtem HM-Schneidring zur Bearbeitung von Radreifen.

auftretenden, radialen Kräften entgegenwirkt und so das Werkzeug vor dem Reißen schützt. Festigkeit der Stahlfassung 100—150 kg/mm^2. Schrumpfzugabe für den Ring etwa 1/800 des Kerndurchmessers. Die Wandstärke von Kern und Fassung richten sich nach der Beanspruchung.

26. Klemmen. In zunehmendem Maße findet man auch Schneidwerkzeuge, deren HM-Platte durch Klemmen befestigt ist. Der Vorteil liegt im schnellen Auswechseln der Schneide. Ferner werden Lötspannungen vermieden. Das Klemmen ist daher besonders für größere Platten und Formkörper geeignet. Nachteilig ist die schlechte HM-Ausnützung, da immer ein Reststück übrig bleibt. Bewährte Ausführungsformen s. Abb. 19 und 20. Abb. 21 zeigt ein Werkzeug aus der spanlosen Formung.

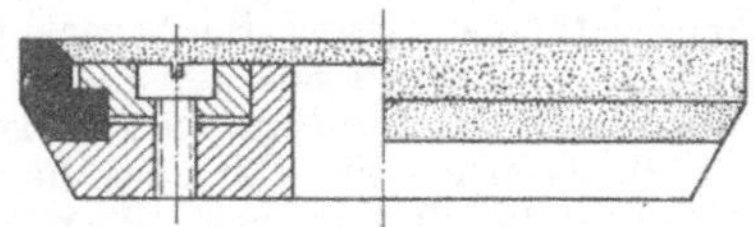

Abb. 21. Rollierscheibe mit geklemmtem HM-Ring zur Feinbearbeitung von Lagerzapfen.

E. Schleifen.

27. Die Schleifmittel. Dem Schleifen der HM und besonders der HM-Schneiden kommt insofern außerordentliche Bedeutung zu, als dieser Werkstoff wegen seiner hohen Härte nicht mit jedem beliebigen Schleifmittel bearbeitet werden kann. Hinzu kommt, daß die HM auf Grund ihrer Zusammensetzung schlechte Wärmeleiter sind. Ihre *Schleifempfindlichkeit* (Tab. 5) erklärt sich aus dem unterschiedlichen Ausdehnungsverhalten der Metallkarbide und ihres Bindemetalls. Die Vickershärte der HM liegt je nach Sorte zwischen 1000 und 1800 HV_{30} (s. Tab. 3). Die wenigen für solche Härten zur Verfügung stehenden Schleifmittel sind: Siliziumkarbid, Borkarbid und Diamant (Abb. 22). Die außerdem zum Schleifen von Werkzeugen (z. B. Trägerwerkstoff, Lot usw.) benötigten Korundscheiben sollen in diesem Zusammenhang nicht besprochen werden [9].

Tabelle 5. *Relative Schleifempfindlichkeit der Hartmetall-Sorten, F1 = 10 gesetzt.* (n. HINNÜBER u. HETTICH).

Hartmetall-Sorte	Häufigkeit des Auftretens von Schleifrissen
F1	10
S1	7
S2	6
S3	2
H1	1
G1	1
G2	2

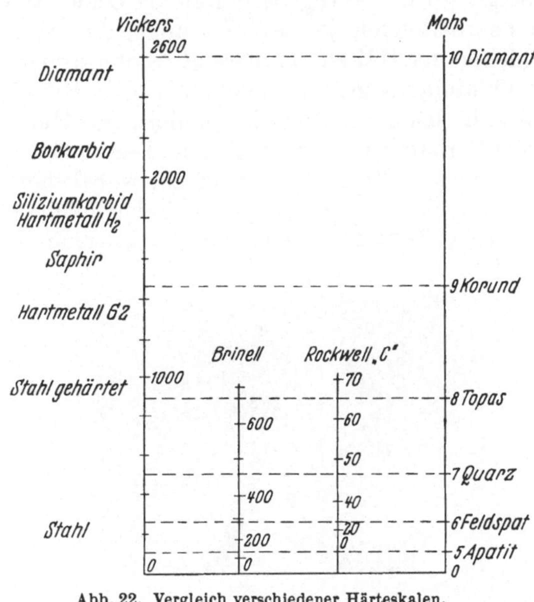

Abb. 22. Vergleich verschiedener Härteskalen.

a) Das Siliziumkarbid SiC wird im elektr. Ofen aus den Rohstoffen Quarzsand und Koks in Verbindung mit anderen Stoffen erschmolzen. Es bilden sich beim Erstarren der Schmelze rhomboedrische, durchsichtige Kristalle, die durch Verunreinigungen grüne bis schwarze Farbe annehmen. Die Härte der Kristalle liegt zwischen 9 und 10 nach MOHS und nur wenig über der Härte des Titankarbides. Keramisch gebundene Schleifscheiben aus SiC sind bei der Verarbeitung von HM im Verhältnis zu anderen geeigneten Schleifmitteln billig und die mit ihnen erreichte Oberflächengüte genügt für viele Fälle.

b) Das Borkarbid B_4C wird aus Boroxyd und Koks im elektr. Ofen gewonnen. Es ist der härteste künstlich erzeugte Stoff. Reinheitsgrad bis 90%. B_4C in kristallisierter Form ist grau. In seiner Härte liegt es wesentlich über dem SiC und kommt dem Diamanten am nächsten. B_4C hat wegen seiner geringen Neigung zum Splittern als Schleifkorn für Scheiben wenig Bedeutung. In loser Form und als Paste wird es dagegen zum Läppen verwendet. Seine Schleifleistung ist etwas geringer, als die des Diamanten. In der Schleifgüte kommt es dem Diamanten gleich. Bekannt sind auch Abziehfeilen („Handläpper") aus Borkarbid.

c) Der Diamant (reiner kristallisierter Kohlenstoff) ist der härteste Stoff, den man kennt. Er ist ein Naturprodukt und wird sehr unterschiedlich in Form, Größe, Härte und Farbe gefunden. Seine Hauptvorkommen liegen in Afrika und Brasilien. Die härtesten Diamanten kommen aus Brasilien. Diamanten geringerer Reinheit finden als Industriediamanten für viele technische Zwecke Verwendung. Je nach Größe, Härte, Struktur werden sie z. B. als Ziehsteine, Härteprüfdiamanten usw. verwendet. Kleine Steine dieser Art kommen unter der Bezeichnung „Boart" in den Handel. Sie werden als Abrichtdiamanten für Schleifscheiben und gespalten als Schleifkorn genommen. Besonders als Schleifkorn ist der Diamant wegen seiner außerordentlichen Härte und der günstigen Kristallstruktur, die zum scharfkantigen Splittern neigt, sehr geschätzt und deshalb besonders zum Feinschleifen von Hartmetall unentbehrlich. Die beim Spalten anfallenden Bruchstücke werden durch Sieben, Schlämmen usw. in verschiedene Körnungen sortiert. Die Korngrößen sind in Deutschland nach DIN 848 genormt. Die Zahl bedeutet die mittlere Korngröße in tausendstel Millimeter (μ). Die Bezeichnung D50 bedeutet also: Diamantkorngröße 50 μ. Diamanten in jeder Form werden nach Gewicht gehandelt. Die Einheit ist das Karat = 0,2 g. Der Karatpreis richtet sich nach der Größe der einzelnen Stücke. Je größer der Diamant, desto höher sein Karatpreis.

28. **Der Schleifvorgang** ist ein Zerspanungsvorgang, der in der Regel mit hoher Geschwindigkeit verläuft. Das einzelne Schleifkorn wirkt dabei als Schneidezahn und trennt kleinste Werkstoffteilchen ab. Es ist bei diesem Vorgang in der Schleifscheibe gebunden, zum Unterschied vom Läppen, wo mit losem Schleifkorn gearbeitet wird. Die Eigenschaften der Schleifscheibe müssen der Zerspanbarkeit des zu bearbeitenden Werkstoffes angepaßt werden. Dies trifft um so mehr beim Schleifen der HM zu, da diese als Sinterkörper und wegen ihrer Härte weniger zur Spanbildung neigen. So entstehen beim Schleifen mit SiC-Scheiben keine Späne, wie z. B. beim Stahlschliff, sondern die HM-Gefügeteile werden als Körner aus ihrem Verbande herausgeschlagen. Das zunächst scharfkantige Schleifkorn stumpft nach wiederholtem Durchgang ab, wobei dann die auftretenden Reibungskräfte größer werden und zu unzulässig hoher Erhitzung der Schleifstelle führen können. Abb. 23 u. 24 zeigen netzartige *Schleifrisse als Folge örtlicher Überhitzung*. Die relative Schleifempfindlichkeit verschiedener HM-Sorten zeigt Tab. 5 (S. 19). Man wählt die Härte der Scheibenbindung so, daß das abstumpfende Schleifkorn rechtzeitig aufsplittert oder ausbricht. Das Abschleifen größerer Mengen HM soll tunlichst vermieden werden, da der Scheibenverbrauch hoch ist. SiC-Scheiben sind da, wo es auf lange Form- und Maßbeständigkeit ankommt, nicht geeignet. Hier hat die Diamantscheibe den Vorzug wegen ihrer mehrfach höheren Verschleißfestigkeit. Das Diamantkorn vermag durch seine Härte die Metallkarbide zu trennen. Spanuntersuchungen [*10*] ergaben, daß die Diamantscheibe am HM teils schneidend, teils schürfend arbeitet. Die Spanleistung sowie die erreichbare Oberflächengüte sind

Abb. 23. Schneidplatten mit Schleifrissen. (*Widia*-Fabrik, Essen.)

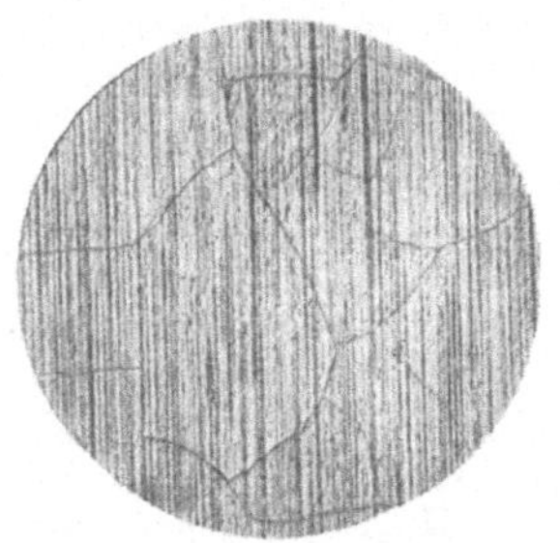

Abb. 24. Mikroschleifrisse bei 50facher Vergrößerung (Wiedergabe $^1/_2$). (*Widia*-Fabrik.)

beim Schleifen von vielen Einflüssen abhängig [*11*]. Einige der wichtigsten sind: Korngröße des Schleifmittels, Schleifgeschwindigkeit, Anzahl der Überschliffe.

29. **Die Diamantscheibe** besteht aus einem Grundkörper (meist Stahl, Aluminium, Kunststoff) und dem eigentlichen Schleifbelag, der das eingebettete Diamantschleifkorn enthält. Das auf diese Weise gebundene Schleifkorn wird fast bis zu einem restlosen Verbrauch festgehalten und so am wirtschaftlichsten ausgenützt. Seine natürliche Schleifwirkung wird erhöht, weil es unter dem Schleifdruck nicht ausweichen kann. Die Diamantkonzentration einzelner Schleifscheiben kann sehr unterschiedlich sein. Da sie den Scheibenverschleiß stark beeinflußt, ist bei der Auswahl und Beurteilung der Diamantgehalt in Karat zu berücksichtigen. Diamantscheiben sind teure Werkzeuge, ihre sorgfältige Auswahl und Anwendung ist höchste Pflicht der Verantwortlichen im Betrieb. Man unterscheidet Diamantscheiben nach ihrer *äußeren Form*, der *Größe der Körnung*, der *Art ihrer Bindung*.

a) Formen. Die zunehmende Verbreitung der Hartmetalle führte auch zur Entwicklung von Diamantscheiben für die einzelnen Schleifverfahren. Bewährte Formen sind von den Herstellern genormt. Einige vielgebrauchte Ausführungen zeigt Abb. 25.

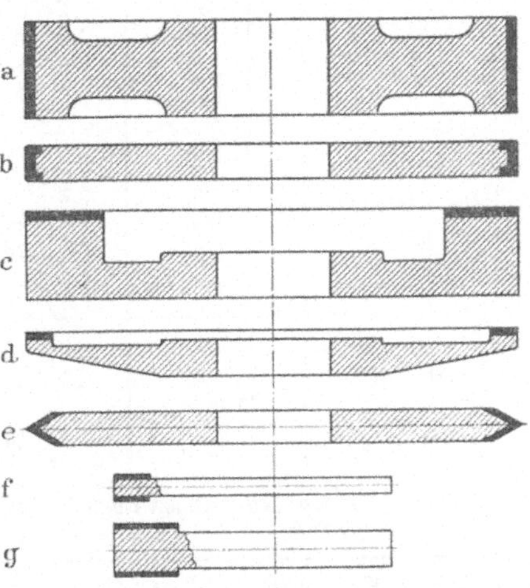

Abb. 25*a*–*g*. Diamantscheiben-Formen. *a* Mantelscheibe, *b* Spanbrecherscheibe, *c* Topfscheibe, *d* Tellerscheibe, *e* Winkelscheibe, *f*–*g* Schleifstifte.

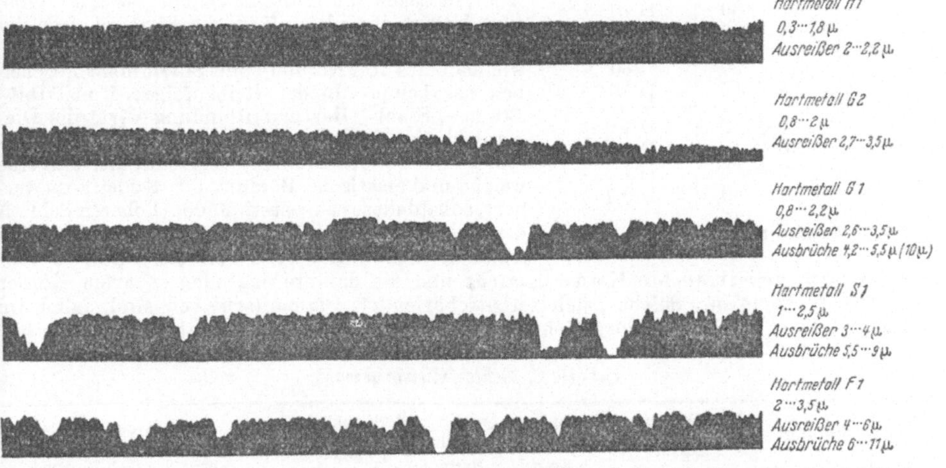

Abb. 26. Die Schneidengüte bei verschiedenen HM-Sorten, geschliffen mit Diamantenkorn 30 μ, kunststoffgeb. (n. Heiss [*12*]).

b) Die Körnung. Grundsätzlich steigt die Schleifleistung in der Zeiteinheit bei einer Diamantscheibe mit zunehmender Korngröße. Gleichzeitig wird die erzeugte Oberfläche rauher. Für den Fein- und Feinstschliff bei kleiner Spanabnahme wählt man die feineren Körnungen. Versuche [*12*] ergaben jedoch, daß die gleiche Scheibe unter gleichen Bedingungen an verschiedenen Hartmetallsorten unterschiedliche Schneidenschartigkeit erzeugt (Abb. 26). Desgleichen wurden unterschiedliche Schleifergebnisse beobachtet bei Diamantscheiben mit gleichem Korn, aber verschiedenen Bindungen [*13*]. Tab. 6 zeigt die Schneidenrauhigkeit in Abhängigkeit von Korn und Bindung an verschied. HM-Sorten. Die zur Ver-

Tabelle 6. *Schneidenrauhigkeit in μ beim Schleifen normaler HM-Sorten mit Diamantscheiben verschiedener Körnung und Bindung. Schneidenkeilwinkel = 82° (n. E. Dinglinger).*

Diamantschleifscheiben		Hartmetallsorten			
Bindung	Korn in μ	F 1	S 1, S 2, S 3	G 1, G 2	H 1
Kunststoff	D 7	1—1,5	unter 1	unter 1	unter 1
	D 15	1,6—2,1	1—1,5	1—1,5	„ 1
	D 30	2,2—3	1,3—2,5	0,8—2,1	0,3—1,8
	D 50	3,2—6	1,5—3,0	1,5—2,5	0,6—2
	D 100	5—10	4—7,5	3,2—6	2—3,5
	D 150	10—15	6,2—10	6—8	3,2—6
Bronze	D 30	3,2—6	2,2—3	2—2,5	1,6—2,1
	D 50	6,2—9	4—7	3,2—5	2,2—3
	D 100	6—11	6—9	5—8	4—7,5
	D 150	10—14	7—13	6—10	4—8,5
	D 250	—	15—25	13—20	10—15
Stahl	D 50	10—15	6—7,5	5—6	4—5
	D 100	15—25	16—24	10—18	6,2—10
	D 150	—	25—35	20—30	10—15
	D 250	über 25	über 25	über 25	über 25

Tabelle 7. *Diamantkörnungen nach DIN 848*.*

Korn	Korngrößen μ	Diamantkorn-Bezeichnung
grob	300—200	D 250
	200—120	D 150
mittel	120— 90	D 100
	90— 60	D 70
	60— 40	D 50
fein	40— 20	D 30
	20— 10	D 15
feinst	10— 5	D 7
	5— 2	D 3
	2— 1	D 1
	1— 0,5	D 0,7

* Siehe Fußnote S. 4.

fügung stehenden Diamantkörnungen sind in Tab. 7 in 4 Gruppen zusammengestellt. Für die Schleifleistung und Oberflächengüte sind also neben der Arbeitsweise und der Körnung auch die Bindung und die zu schleifende HM-Sorte ausschlaggebend.

c) Die Bindung. Das Vermögen der Bindung, das Schleifkorn mehr oder weniger innig zu umschließen und auch nach erfolgter Abstumpfung der scharfen Ecken und Kanten möglichst bis zum letzten Rest festzuhalten, beeinflußt die Eigenschaften der Diamantscheibe und damit die Schleifgüte ähnlich, wie man dies von Korund- und Siliziumkarbidscheiben her kennt. In der Reihenfolge: Kunststoff-, Bronze-, Stahl-, Hartmetallbindung wirkt die Diamantscheibe „härter". Man erklärt sich diese Tatsache auch bei der Diamantscheibe damit, daß eine weiche und elastische Bindung das Schleifkorn verliert, sobald dieses abgestumpft dem höheren Schleifdruck nachgibt. Kunststoffgebundene Scheiben schleifen deshalb „freier", weil das stumpfe, aber teilweise noch unverbrauchte Korn ausbricht und die dahinterliegenden scharfen Körner zum Eingriff kommen. Solche „sich selbstschärfende" Diamantscheiben sind daher im Gebrauch teuer und unwirtschaftlich. Man wird deshalb kunststoffgebundene Scheiben

Tabelle 8. *Schleifmittelauswahl.*

Folge	Schliffart	Erreichbare Schartigkeit etwa μ	Siliziumkarbid-Scheiben keram. geb.		Borkarbid als Läppaste Körnung	Diamantscheiben	
			Korn	Härte		Korn	Bindung
1	Grob-	> 25	46—60	J—K	—	D 250—D 150	Stahl
2	Schlicht-	< 25—20	80—100	H—J	—	D 100	Stahl
3	Fein-	< 20—15	100—120	H—J	—	D 150	Bronze
4		< 15—10	240	H	100	D 150—D 100	Bronze
5*	Feinst-	< 10—5	240—280	H	50—20	D 100—D 50	Kunststoff
6		< 5	—	—	10	D 30—D 15	Kunststoff
7	Polier-	< 1	—	—		D 7 u. feiner	Pastenform

* Gegebenenfalls durch Abziehen von Hand mit SiC-400 L zu erreichen.

hauptsächlich für den Fein- und Feinstschliff einsetzen, wo es auf zarten Schliff ankommt, aber große Abschliffleistung nicht verlangt wird.

Die Abschliffleistung steigt mit zunehmendem Anpreßdruck. Die metallgebundene Scheibe ist in dieser Hinsicht höher belastbar, als die kunststoffgebundene. Bei mittlerem und feinem Korn verliert sie allerdings rasch ihre Griffigkeit. Man setzt sie vorteilhaft mit grober Körnung (D 250—D 100) für größere Abschliffleistung ein. Die Körnungen unter D 100 werden meist der Kunststoffbindung zugeordnet. Eine genaue Grenze läßt sich in der Anwendung der einzelnen Bindungen nicht ziehen. Die Metallbindung wählt man auf jeden Fall, wenn hohe Formbeständigkeit z. B. an den Kanten verlangt wird. Neuerdings wurde auch eine keramisch gebundene Diamantscheibe entwickelt, die, sehr formbeständig, gute Abschliffleistungen ergibt. Tab. 8 dient der Schleifmittelauswahl. Die Bestleistung für den Einzelfall muß durch Versuch ermittelt werden.

30. Anwendung der Diamantscheibe. Diamantscheiben ermöglichen hohe Arbeitsgenauigkeit, wenn sie auf guten Maschinen mit einwandfreier Spindellagerung arbeiten. Genauer Rundlauf ist Voraussetzung. Höchstzulässiger Umfangs- bzw. Planschlag etwa 0,02 mm. Jede Scheibe, die man neu auf eine Nabe montiert, muß genau abgerichtet werden. Zum Abrichten sind SiC-Scheiben mit Körnung 80 bis 120 und Bindung G-H zu verwenden. Es wird im Gegenlauf geschliffen. Die abgerichtete Scheibe soll nicht mehr von ihrer Nabe genommen werden. Das Auswechseln erfolgt stets mit der Nabe. Man hat deshalb für jede im Einsatz befindliche Diamantscheibe eine Nabe.

Bekanntlich ist eine Scheibe nicht für alle Schleifzwecke geeignet. *Hartmetall- und stahlgebundene* Scheiben zeichnen sich durch hohe Kantenfestigkeit aus und sind

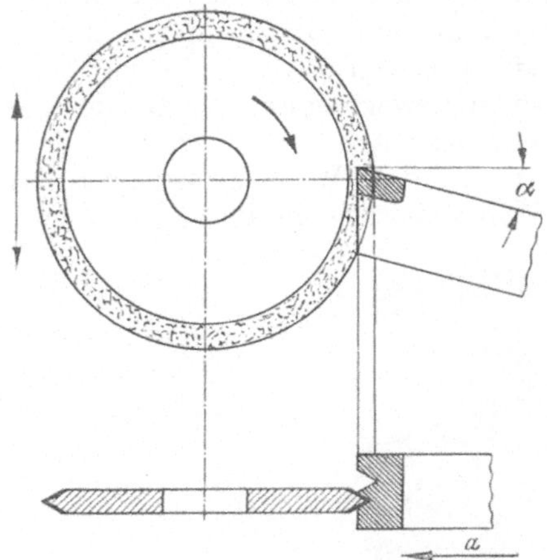

Abb. 27. Formschleifen. *a* Zustellung des Werkstückes 2—3 μ je Scheibenhub.

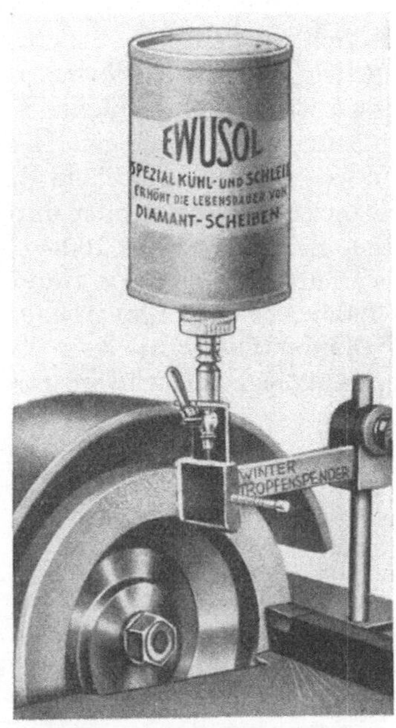

Abb. 28. Tropfenspender an der Diamantscheibe. (*Winter*.)

vorzugsweise für Formschleifarbeiten, z. B. Gewindebohrer, Formstähle, scharfkantige Einstiche usw. geeignet (Abb. 27). Die bronzegebundene Scheibe eignet sich als Teller- und Topfscheibe für Vor- und Feinschliff an Werkzeugen aller Art. Sie ist auch die Scheibe für den Handschliff. Als Umfangsschleifscheibe wird sie zum Außen- und Innenrundschleifen, für den Flächenschliff und zum Einschleifen der Spanbrecher verwendet.

Diamantscheiben in *Kunststoffbindung* sind die Scheiben für den Fein- und Feinstschliff an Drehstählen, Fräsern für Metall- und Holzbearbeitung, Reibahlen,

Senkern usw. Die Schleifgeschwindigkeit beträgt für Diamantscheiben 15—30 m/sek. Für die Metallbindung ergibt eine Schleifgeschwindigkeit von 15—20 m/sek die günstigste Schneidenschartigkeit. Bei der Kunststoffbindung hat die Schleifgeschwindigkeit weniger Einfluß auf die Schartigkeit.

Metallbindungen vertragen höhere Flächenpressung als Kunststoffbindung. Nach Versuchen [*10*] beträgt der Anpreßdruck beim Handschliff 0,5—1,5 kg.

Beim Trockenschliff verschmiert sich die Scheibe, Wasserkühlung fördert die Spanabfuhr und vermindert die Reibungswärme. Wenn möglich schleift man mit hartmetall- und stahlgebundenen Scheiben naß (Sodawasser). An optischen Profilschleifmaschinen kann nur trocken geschliffen werden, es ist daher mit kleinster Zustellung, etwa 2—3 μ je Scheibenhub, zu arbeiten.

Bronze- und kunststoffgebundene Scheiben arbeiten trocken und werden nur mit Petroleum angefeuchtet. Petroleumschmierung ergibt die besten Schneidkanten. Der Tropfenspender in Abb. 28 hält mit seinem Filz den Schleifbelag ständig feucht. Hochglanz-Polierschliff mit feinstem Diamantkorn erhält man trocken. Trocken arbeitende Scheiben müssen ab und zu mit Petroleum gereinigt werden. Bei kleinen Werkzeugen muß häufig auch Schaftwerkstoff mitgeschliffen werden. Der weiche Werkstoff setzt sich dann vor dem Schleifkorn fest und die Scheibe schneidet nicht mehr. Zum Abziehen verwendet man bei Bronzebindung feinen Korundstein, bei Bakelitbindung Bimsstein. Der Stein wird solange an die laufende Scheibe gehalten, bis ein merklicher Zug entsteht. Die Scheibe ist dann wieder griffig, der Abziehvorgang muß beendet werden, da sonst Diamantkorn herausgerissen wird. Beim Schleifen ist das Werkzeug ständig über die ganze Scheibenbreite hin und her zu bewegen Dadurch wird der Belag gleichmäßig abgenützt und Rillenbildung vermieden. Tiefe Rillen können durch Überschleifen des Belages in oben beschriebener Weise oder durch Abrichten auf einer Planglasplatte mit Hilfe von losem SiC, Korngröße 100—150 μ, wieder beseitigt werden. Im letzten Fall wird die Diamantscheibe von Hand in kreisender Bewegung über die Glasplatte geführt. Jeder Abrichtvorgang bedeutet Diamantverlust.

31. Diamantfeile. **a)** Zur Verbesserung der Werkzeugschneiden. Schruppwerkzeuge für schwere Dreh- und Hobelarbeiten, die im allgemeinen mit

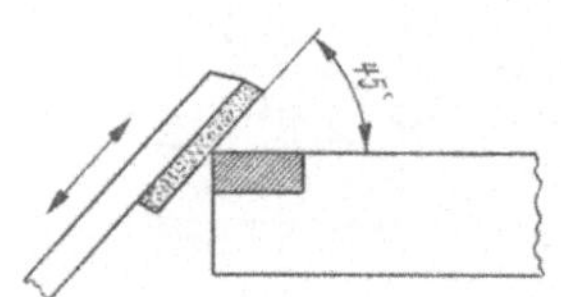

Abb. 29. Stumpfen der Schneide unter 45°, Fasenbreite ~ 0,1—0,2 mm.

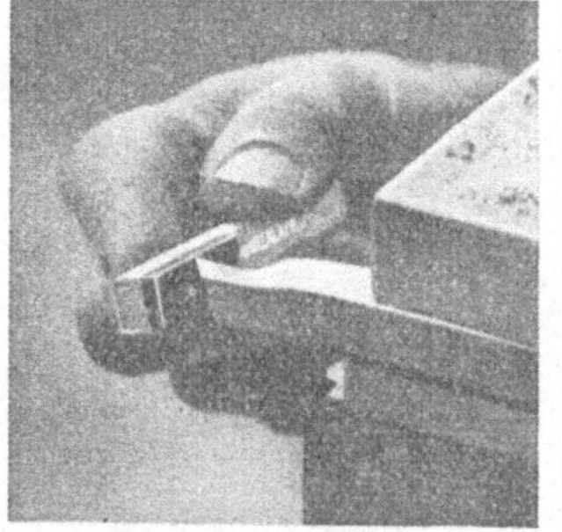

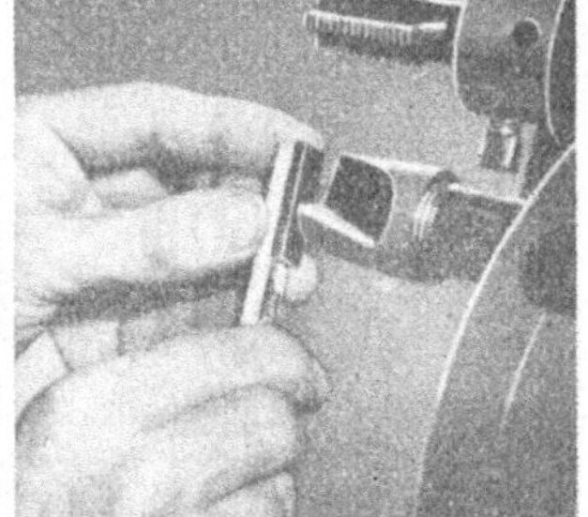

Abb. 30. Anwendung der Diamantfeile, sog. Handläpper. (*Winter*.)

SiC-Scheiben vor- und fertiggeschliffen werden, glättet man an den Schneiden noch mit der Diamantfeile, fälschlicherweise auch Handläpper genannt. Korngröße D 100—D 70. Die Schneidspitze wird ebenfalls leicht gerundet. Bekanntlich neigen scharfgeschliffene HM-Schneiden bei unterbrochenen Schnitten und beim Bearbeiten von harten Gußkrusten vorzeitig zum Ausbröckeln. Solche Werkzeuge stumpft man schon vorher unter 45° mit der Diamantfeile, Korn D 100—D 50, leicht ab. Die Stumpfungsfase beträgt höchstens 0,1—0,2 mm (Abb. 29). Feinschneidige

Werkzeuge soll man nach einer gewissen Laufzeit mit einer kunststoffgebundenen Diamantfeile Korn D 50—D 30 leicht nachziehen. Man erreicht damit eine Verlängerung der Standzeit (Abb. 30).

b) Zur Bearbeitung beliebiger Formen an Schnittplatten und Matrizen aus HM sind Diamantfeilen für Hand- und Maschinengebrauch nach Abb. 31 im Handel. Bei diesen Feilen, die für feinste Schlitze ab 0,2 mm Stärke

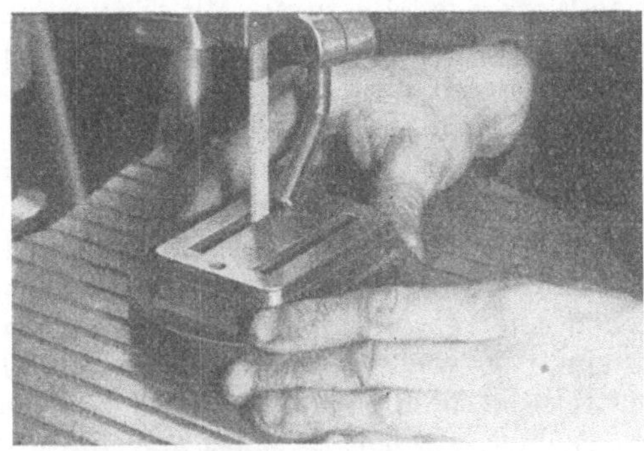

Abb. 31. Diamantfeile für Maschinengebrauch. (*Winter*.)

Abb. 32. Aussägen mit diamantbesetztem Sägedraht. (*Winter*.)

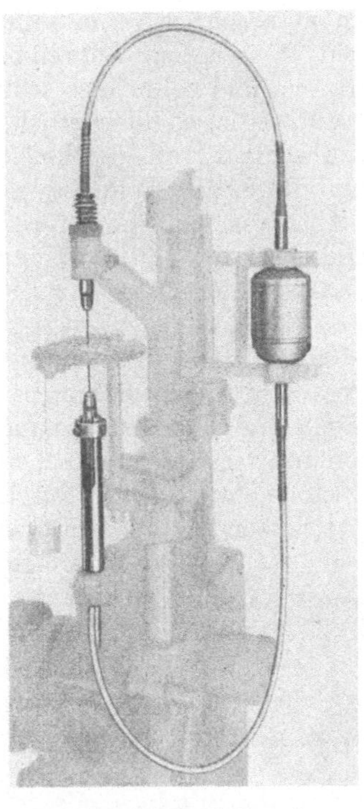

Abb. 33. Arbeiten mit diamantbesetztem sich drehendem Sägedraht.

hergestellt werden, sind Diamantsplitter auf einen Stahlkörper galvanisch aufgebracht. Die Werkzeuge sind äußerst griffig, da die scharfen Diamantspitzen weit aus der Oberfläche herausragen. Man muß mit kleinstem Anpreßdruck arbeiten. Starkes Andrücken führt leicht zur Beschädigung der Feile. Gebräuchliche Körnungen sind D 150 und D 50. In der Regel wird trocken gearbeitet oder die Feile höchstens mit Petroleum leicht angefeuchtet. Verschmierte Feilen kann man abbürsten. Ein neues Werkzeug ist auch der Diamant-Sägedraht [*14*]. Es handelt sich um einen Stahldraht, der mit einer Diamantsplitter enthaltenden Ummantelung versehen ist. Man kann damit beliebige Formen aus einer Hartmetallplatte heraussägen (feilen). Es wird nach Anriß gesägt, dann fertiggefeilt. Das Aussägen geschieht von Hand mit dem Sägebogen Abb. 32 oder auch mit einer Maschine. Bei der Anordnung Abb. 33 dreht sich der Sägedraht während seiner Auf- und Abbewegung.

32. Läppen ist ein spanabhebendes Feinstbearbeitungsverfahren zur Maß-, Form- und Oberflächenverbesserung. Es unterscheidet sich vom Schleifen in der Hauptsache dadurch, daß das Schleifmittel lose verwendet wird. HM ist wegen seiner Verschleißfestigkeit ein schwierig zu läppender Werkstoff. Als Läppmittel eignet sich nur Borkabid- und Diamantstaub. Das Werkzeug, als Träger des Schleifmittels und der geometrischen Form, bildet die Gegenfläche zum Werkstück. Entweder ist das Werkstück oder das Werkzeug starr mit der Maschine verbunden. Jedenfalls gleitet eines von beiden unter stetigem Richtungswechsel auf dem andern. Als Werkstoff für Läppwerkzeuge dient dichtes Gußeisen mit einer Härte von 150 bis 200 HB. Die Werkzeugformen für das Läppen von Hartmetall sind die gleichen, wie beim Stahlläppen [*15*]. Das Läppmittel wird in geeigneter Körnung auf das mit Petroleum oder Spindelöl angefeuchtete Werkzeug aufgetupft. Mit Diamantpulver kann man sehr sparsam sein, da selbst kleinste Mengen gute Schleifergebnisse zeigen. Unter dem Anpreßdruck verankern sich die Schleifkörner zeitweise im Werkzeug und nehmen so schneidend und schürfend an der Zerspanung teil. Von Zeit zu Zeit ist es erforderlich, mit Petroleum oder Öl nachzufeuchten. Das Läppmittel wird dadurch gleichmäßig verteilt und der Läppvorgang geschmiert und gekühlt. Da es sich beim Läppen um kleinste Spanabnahmen handelt, nämlich um das Abtragen von Spitzen und um das Glätten der aufgerissenen Werkstückoberfläche, muß auch die Vorbereitung schon einen gewissen Feinheitsgrad aufweisen, soll das Verfahren noch wirtschaftlich sein.. Eine wichtige Voraussetzung beim Läppen ist die Korngleichheit des Läppmittels. Je besser die Oberfläche wird, um so sorgfältiger muß auf Korngleichheit geachtet werden, da sonst nur die großen Körner zum Angriff kommen und Kratzspuren hinterlassen.

Schlechte Oberflächen, ungenau vorgeschliffene Formen verlängern die Läppzeiten und verkürzen die Lebensdauer der Läppwerkzeuge. Das Läppen von Werkzeugschneiden ist heute durch das Feinschleifen mit kunststoffgebundenen Diamantscheiben feinster Körnung verdrängt worden. Zum Plan- und Rundläppen im Lehrenbau ist das Verfahren jedoch vielseitig anwendbar und man kann mit einfachen Mitteln hohe Genauigkeit erreichen (s. Abschn. 56).

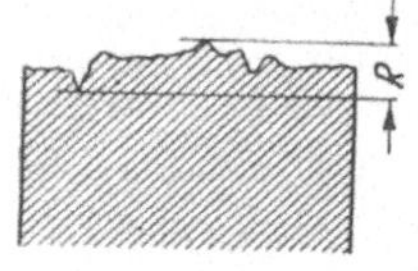

Abb. 34. Rauhtiefe.

33. Schliffgüte. a) Die Oberfläche eines Werkstückes ist gekennzeichnet durch ihre Feingestalt oder mikrogeometrische Form [*16*]. Man beurteilt sie nach ihrer Rauhigkeit oder

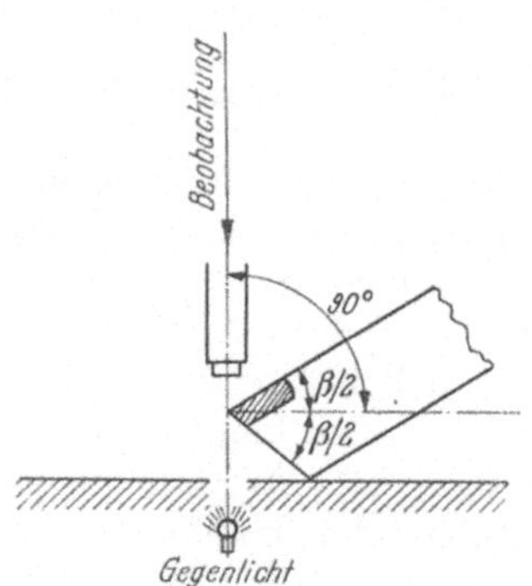

Abb. 35. Opt. Messen der Schartigkeit an der Werkzeugschneide.

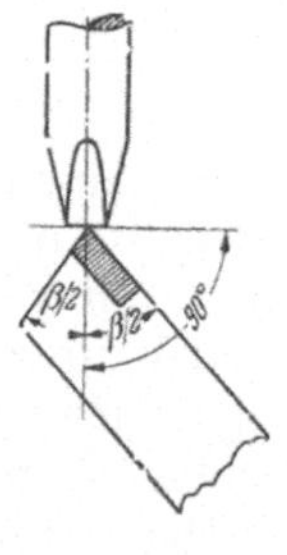

Abb. 36. Messen der Schartigkeit an der Werkzeugschneide durch Abtasten mit einer Saphirschneide (n. HEISS).

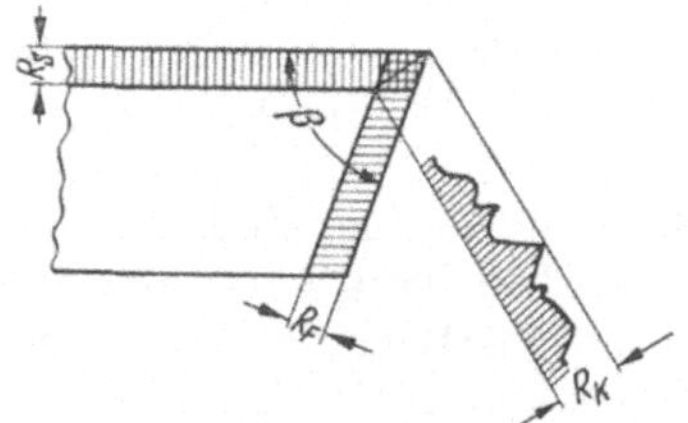

Abb. 37. Theoretische Zusammenhänge zwischen Rauhigkeit der Spanfläche und der Freifläche (n. HEISS). R_s Rauhigkeit der Spanfläche, R_f Rauhigkeit der Freifläche, R_k Rauhigkeit der Schneidkante.

Allgemein: $R_K = \frac{1}{\sin\beta}\sqrt{R_s^2 + R_f^2 + 2R_s R_f \cos\beta}$,

bei $\beta = 90°$: $R_K = \sqrt{R_s^2 + R_f^2}$.

Rauhtiefe R (Abb. 34), die als Abweichung von der geometrischen Idealform meßbar ist. Meßverfahren sind Lichtschnitt-, Tast-, Interferenzverfahren.

b) Eine Werkzeugschneide beurteilt man nach der *Schartigkeit* der Schneidkante, die durch den Schnitt von Spanfläche und Freifläche gebildet wird. Die Schartigkeit entsteht also durch die Rauhtiefe dieser beiden Flächen. Ihre Größe ist der Unterschied zwischen der höchsten und tiefsten Stelle der Schneidkante. Man kann sie unter dem Mikroskop bei etwa 250facher Vergrößerung senkrecht zur Keilwinkelhalbierenden messen (Abb. 35). Die Schartigkeit zeigt in dieser Stellung ihre größten Profilunterschiede. Die mittlere Schartigkeit (in μ) wird aus mehreren Einzelmessungen an verschiedenen Stellen der Schneide bestimmt. Manche Werkzeugformen lassen sich allerdings auf diese Weise nicht unter das Mikroskop bringen und einstellen. Eine andere von HEISS [*12*] entwickelte Meßmethode ist das Abtasten der Schneidkante mittels einer Saphirschneide unter Verwendung des LEITZ-FORSTER-Gerätes (Abb. 36). Bei beiden Meßarten ist jedoch die Größe des Keilwinkels β an der Werkzeugschneide zu berücksichtigen. Wie aus Abb. 37 hervorgeht, ist bei einer bestimmten Rauhigkeit an der Span- und Freifläche bei kleinem Keilwinkel (z. B. Holzbearbeitungswerkzeuge) die Schartigkeit größer, als bei großem Keilwinkel (z. B. Drehstahl mit negat. Spanwinkel).

Die erreichbare Schneidengüte hängt vom Werkstoff und dem Schleifverfahren ab. Spröde HM sind beim Schleifen wesentlich empfindlicher und deshalb anfälliger gegen Schneidenausbrüche als zähe Sorten. Ein bestimmter Feinschliff ist nur in mehreren Schleifstufen zu erreichen. Schneiden für Bearbeitungsvorgänge wie Feindrehen und -bohren, Gewindewirbeln, Reiben, Schlagzahnfräsen, Holz- und Kunststoffzerspanung verlangen höchste Schneidengüte.

34. Die Schleiferei soll ein erfahrener Meister leiten, der sich aus seinen Mitarbeitern zuverlässige Spezialisten für die Hartmetallwerkzeugfertigung und Instandhaltung heranbildet. Die anfallenden Arbeiten werden in einzelne Schleifarbeitsgänge unterteilt und den entsprechenden Maschinen zugeleitet, wobei Vorschleifarbeiten auf ältere Maschinen gelegt werden können. Jedem Auftrag muß eine genaue Arbeitsanweisung mit Zeichnung zugrunde liegen. Die Schleiferei soll in einem hellen Raum, von den anderen Betriebsabteilungen getrennt, untergebracht sein. Die zur Instandhaltung ankommenden Werkzeuge durchlaufen eine Kontrolle, wo sie auf ihren Abnützungsgrad hin untersucht werden (s. a. Abschn. 75). Reichlich Ablagemöglichkeit für das Schleifgut erleichtert die Arbeit und gestaltet den Ablauf übersichtlich. Die Maschineneinrichtung der Schleiferei richtet sich nach den ihr gestellten Aufgaben. Werden nur normale Drehstähle gefertigt bzw. instandgehalten, so genügen die bekannten Schleifmaschinen mit Stahlauflage.

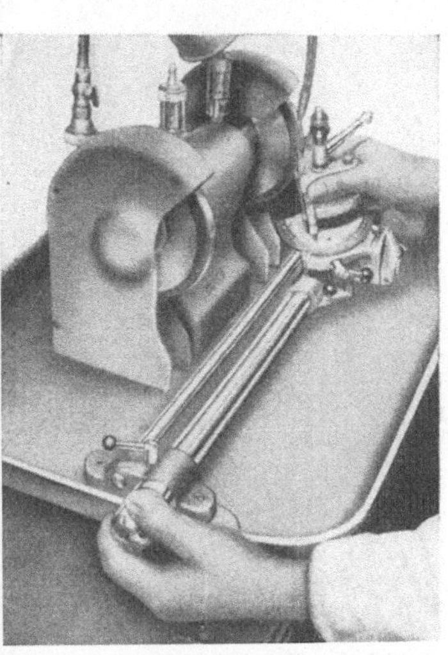

Abb. 38. Fein- und Feinstschleifmaschine für kleine Werkzeuge. (*Agathon*, Solothurn-Schweiz.)

Abb. 39. Stähleschleifmaschine für Fein- und Feinstschliff mit Radiusschleifeinrichtung und Mikroskop. (*Peter Wolters*, Mettmann.)

Gerade Schleifscheiben für den Vorschliff, Topfscheiben für den Fertigschliff. Für feinere Schneiden und das Einschleifen der Spanbrecher kommen dann noch Maschinen für Diamantscheibenschliff hinzu. Abb. 38 zeigt eine Schleifmaschine für vielseitige Verwendung, besonders zum Feinstschleifen kleiner Werkzeuge. Die Schleifmaschine Abb. 39 ist mit 2 axial ineinander verschiebbaren Diamantscheiben für Fein- und Feinstschliff ausgerüstet. Eine Radienschleifeinrichtung mit angebautem Mikroskop erlaubt ein sehr genaues Ausrichten der Werkzeuge und das Anschleifen von Rundungen. Für den Span- und Freiflächenschliff an umlaufenden Werkzeugen kommen die üblichen Universal-Werkzeugschleifmaschinen in Betracht [9]. Man wähle zum Schleifen von Hartmetallwerkzeugen lieber eine etwas schwerere Maschine. Messerköpfe unter 200 ∅ können noch auf schwereren Maschinen solcher Art geschliffen werden, sofern keine Sondermaschinen zur Verfügung stehen. Für große Messerköpfe sind jedoch Sondermaschinen nötig. Abb. 40 zeigt eine Messerkopfschleifmaschine für

Abb. 40. Halbselbsttätige Messerkopfschleifmaschine. (*Rohde u. Dörrenberg*, Düsseldorf.)

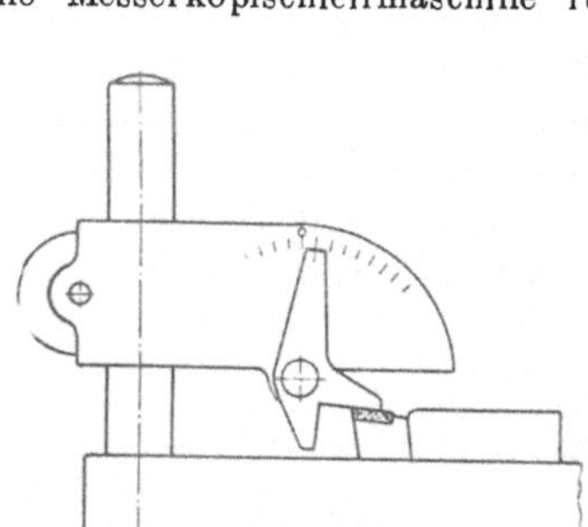

Abb. 41. Winkelmeßgerät für Dreh- und Hobelstähle.

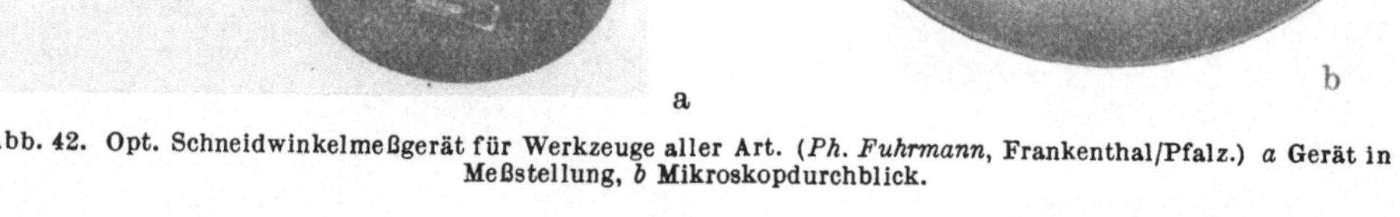

a b

Abb. 42. Opt. Schneidwinkelmeßgerät für Werkzeuge aller Art. (*Ph. Fuhrmann*, Frankenthal/Pfalz.) *a* Gerät in Meßstellung, *b* Mikroskopdurchblick.

Werkzeuge von 150 bis 850 mm ∅. Der Schleifvorgang verläuft selbsttätig, nachdem die Scheibe zugestellt ist. Das zu schleifende Messer wird jeweils an seiner Spanfläche abgestützt.

Alle Maschinen sind ständig in gutem Zustand zu halten. Der Spindel und den Führungen ist größte Aufmerksamkeit zu schenken. Schleifstaub absaugen.

Sowohl der Schleifer als auch der Prüfer müssen in der Lage sein, jedes die Schleiferei verlassende Werkzeug auf seine zeichnungsgemäße Ausführung hin zu prüfen. Dazu gehören

Handlupen mit 6-facher Vergr. für jeden Schleifer, eine Binokular-Ständerlupe mit 10—20-facher Vergr. für den Prüfer. Jedes Werkzeug muß auf Schleifrisse und Schartigkeit geprüft werden. Ferner müssen Rundlaufprüfgeräte und Winkelmeßgeräte vorhanden sein. Abb. 41 zeigt ein Winkelmeßgerät für Dreh- und Hobelstähle, Abb. 42 ein optisches Schneidwinkelmeßgerät für umlaufende Werkzeuge und Drehstähle aller Art. Die opt. Vergrößerung erlaubt auch die Winkel der Feinschliffasen zu messen. Meist hat die Schleiferei, als letzte Abteilung im Fertigungsfluß, die Werkzeuge noch zu kennzeichnen und die Schneiden gegen Beschädigung zweckmäßig zu schützen.

F. Sonstige Verformungsmöglichkeiten des Hartmetalls.

35. Elektro-Bearbeitung [*17*]. Ein erst seit neuester Zeit bekanntes Bearbeitungsverfahren fertig gesinterter Hartmetalle, dessen Entwicklung noch nicht abgeschlossen ist, stellt die Elektrobearbeitung durch Funkenentladung dar. Danach ist es möglich, Bohrungen und Durchbrüche mit praktisch beliebigem Profil, selbst Innengewinde, in Hartmetall anzubringen. Die Materialabtragung erfolgt in kleinsten Teilchen durch einen elektrischen Funken zwischen einer Elektrode (meist aus Messing), die die Form der künftigen Ausarbeitung hat, und dem Werkstück. Das Werkstück liegt am positiven Pol, die Elektrode am negativen Pol einer Gleichstromquelle (Abb. 43). Über den Widerstand R wird ein Kondensator C aufge-

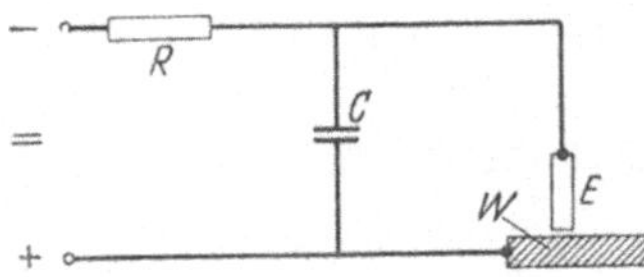

Abb. 43. Elektrobearbeitung, schematisch. W Werkstück, E Elektrode, C Kondensator, R Widerstand.

Abb. 45. Lochschnittmesser. (*Titanit*-Fabrik.)

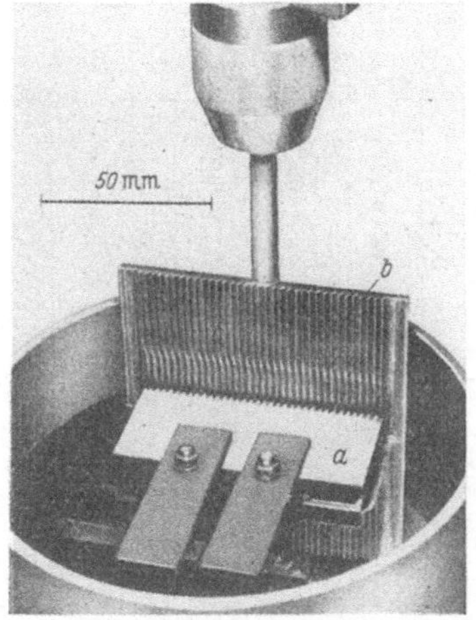

Abb. 44. Anwendung des ELBO-Verfahrens bei der Herstellung eines Lochschnittmessers. (*Titanit*-Fabrik.) *a* Werkstück, *b* Elektrode.

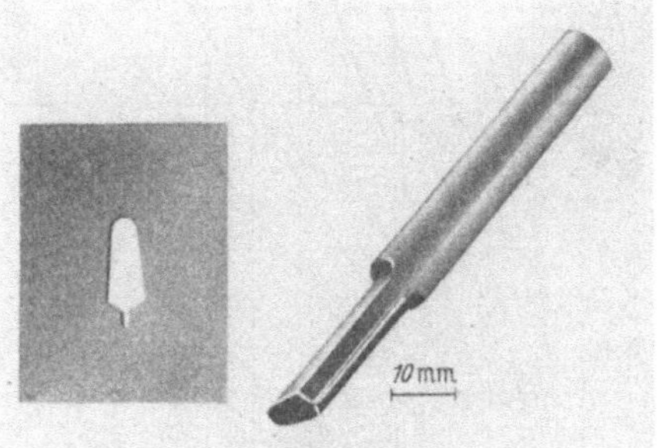

Abb. 46. Schnittplatte aus Hartmetall (*Titanit*-Fabrik.)

laden. Die aufgespeicherte Energie wird bei der darauf folgenden Entladung plötzlich frei, wobei Stromstärken auftreten, die Elektrode und Werkstück in kleinsten Zonen zum Abschmelzen (Verdampfen) bringen. Beim Hartmetall ist ein muschelförmiges Abplatzen kleiner Teilchen zu beobachten. Während der Funkenentladung befinden sich Werkstück und Elektrode unter einer isolierenden Flüssigkeit, z. B. Petroleum. Der Funken wird dadurch sofort wieder gelöscht und die Bildung eines Lichtbogens vermieden. Der Abstand zwischen Elektrode und Werkstück beträgt im Mittel 0,1 mm. Die Flüssigkeit hat ferner die Aufgabe, die abgetragenen Werkstoffteilchen wegzuspülen. Schaltelemente und elektronische Steuerung halten den Elektrodenabstand und damit die Funkenentladung selbsttätig aufrecht.

Die erzielbare Oberflächenrauhigkeit liegt, je nach der angewendeten Betriebsspannung zwischen 20 und 40 μ. Spröde HM sind gegen Rißbildung empfindlicher als zähe Sorten. Meistens wird man anschließend die Werkstückoberfläche durch Schleifen oder Läppen mit Gußleisten und Diamantstaub weiter verbessern. Das beschriebene Verfahren eröffnet ganz neue Möglichkeiten in der Anwendung des HM. Wo seine wirtschaftliche Grenze liegt, kann heute noch nicht gesagt werden. Abb. 44 bis 46 zeigen verschiedene Bearbeitungsbeispiele.

36. Biegen. Erhitzt man ein HM-Stück auf hohe Temperaturen (1200—1250° C) so kann es in begrenztem Maße auch gebogen werden. Das einfachste Verfahren ist das Erwärmen mit dem Schweißbrenner. Hat man die Temperatur (hellgelb) erreicht, beginnt man langsam und keinesfalls unter starkem Druck das Stück in die gewünschte Lage zu biegen, wobei mit der Flamme ständig die Temperatur gehalten werden muß. Biegt man zu schnell oder kühlt das HM ab, so reißt es an seinen Außenrändern sofort ein.

V. Spanabhebende Bearbeitung mit Hartmetall

A. Drehen.

Soll ein Werkstück wirtschaftlich gedreht werden, so sind schon bei der Arbeitsplanung Maschine und Werkzeug vorauszubestimmen. Der Zerspanungsvorgang[1] wird von mehreren Größen beeinflußt, die Form und Ausführung des Werkzeuges bestimmen.

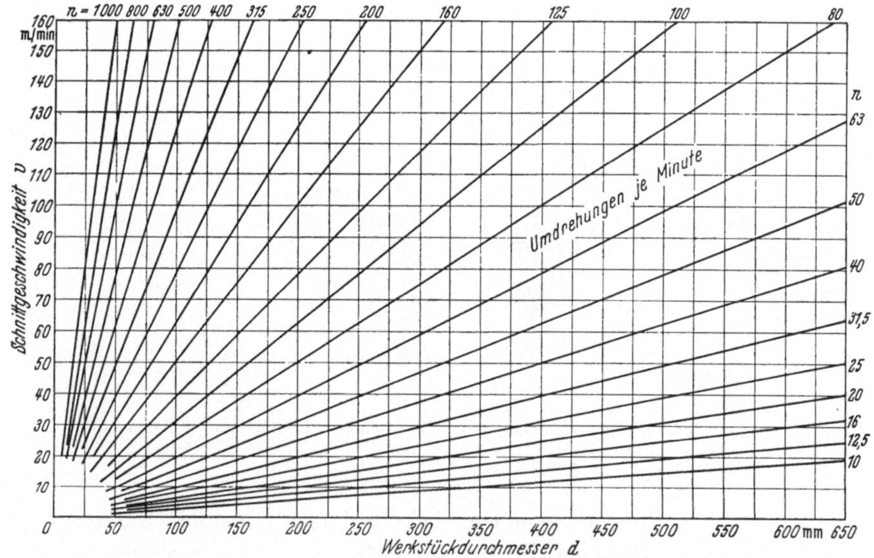

Abb. 47. Zusammenhang von Schnittgeschwindigkeit und Drehzahl bei gegebenem Drehdurchmesser.

[1] Auf die Einzelheiten der Zerspanungslehre kann in diesem Werkstattbuch nicht näher eingegangen werden. Es sei auf die bekannten Taschenbücher usw. verwiesen [*18*].

37. Die Schnittgeschwindigkeit $v = \frac{d \pi n}{1000}$ (m/min), worin d den größten, vom Werkzeug berührten Werkstückdurchmesser in mm und n die U/min angibt, beeinflußt maßgeblich die Standzeit der Schneide. Sie richtet sich ebenso nach der Festigkeit und Härte des zu zerspanenden Werkstoffes, wie nach der Starrheit des ganzen Systems Maschine-Werkstück-Werkzeug und der Hartmetallsorte. Schlichtspäne lassen höhere Schnittgeschwindigkeit zu, als Schruppspäne. Kühlung läßt ebenfalls höhere Schnittgeschwindigkeit zu, da die Zerspanungswärme schnell abgeleitet wird. Richtwerte für v beim Drehen s. Tab. 9. Der Ermittlung von v bei einer bestimmten Drehzahl n und gegebenem Durchmesser dient das Schaubild Abb. 47, das in der Praxis auch in logarithmischer Aufzeichnung verwendet wird.

38. Der Spanquerschnitt F (mm²) ist das Produkt aus Schnittiefe a und Vorschub s (Abb. 48) oder aus Spandicke h und Spanbreite b, was für unsere Betrachtung richtiger ist, da dann der Einfluß des Einstellwinkels (s. Abschn. 43) ausgeschaltet ist [*19*]. Die Bemessung von F ist abhängig von der Art der Bearbeitung (Schruppen, Schlichten, Feinbearbeiten), der Form des Werkstückes und der Starrheit der Maschine. a und s können in verschiedenem Größenverhältnis zueinander stehen. Große Spantiefe bei kleinem Vorschub erlaubt bei gleicher Standzeit der Schneide höhere Schnittgeschwindigkeiten, als kleine Spantiefe mit großem Vorschub. Ein günstiges Verhältnis ist $a : s = 4 : 1$ beim Schruppen und $7 : 1$ bis $10 : 1$ beim Schlichten (vgl. Tab. 9). Die Form des Spanquerschnittes wird vom Einstellwinkel $\varkappa$ und dem Spitzenradius r (Abb. 51) beeinflußt.

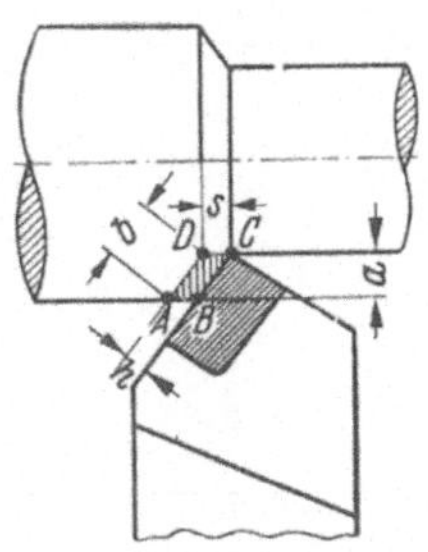

Abb. 48. Spanquerschnitt beim Drehen (Winkel an der Schneide s. Abb. 51).

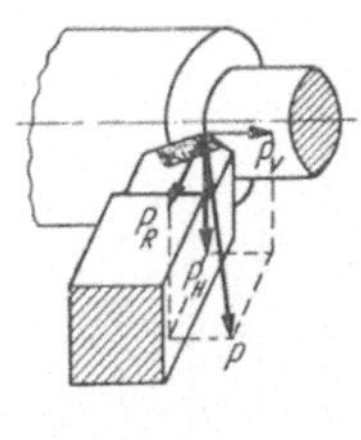

Abb. 49. Schnittkräfte beim Drehen. P_H Hauptschnittkraft, P_V Vorschubkraft, P_R Rückkraft, P Gesamtschnittkraft.

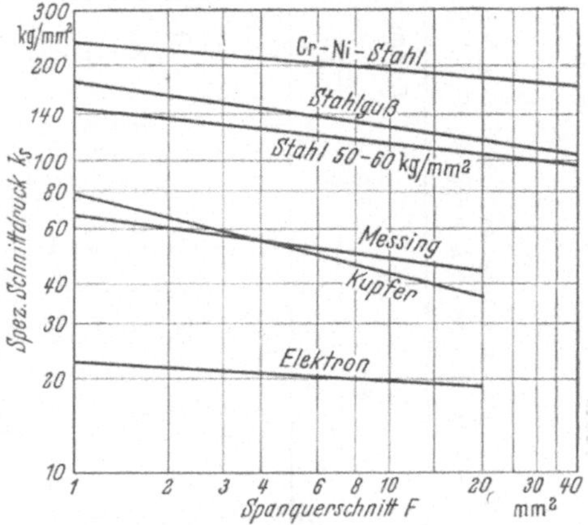

Abb. 50. Spez. Schnittdruck k_s in Abhängigkeit vom Spanquerschnitt F (n. AWF.)

39. Die Schnittkraft P (kg) ist abhängig vom Spanquerschnitt und den Werkstoffeigenschaften. Sie läßt sich nach Abb. 49 in 3 Teilkräfte zerlegen: Die Hauptkraft P_H in Richtung der Hauptschnittbewegung, die Vorschubkraft P_V in Vorschub-Richtung und die Rückkraft P_R in Richtung des Meißelschaftes.

Die Hauptschnittkraft ist bei der Maschinenauswahl und Werkzeugbemessung die wichtigste, weil ihre Richtung mit derjenigen der Schnittgeschwindigkeit praktisch zusammenfällt.

40. Die spez. Schnittkraft k_s (kg/mm²) ist diejenige für einen bestimmten Werkstoff aufzuwendende Hauptschnittkraft P_H, um einen Span von 1 mm² Querschnitt abzuheben. k_s steigt mit zunehmender Festigkeit, Härte und Zähigkeit des Werkstoffes. Bei gleichem Werkstoff und gleichbleibender Spanform $a : s$ wird k_s mit zunehmendem Spanquerschnitt kleiner. Abb. 50 gibt einen Anhalt für k_s in Abhängigkeit vom Spanquerschnitt bei verschiedenen Werkstoffen.

Tabelle 9. *Schnittgeschwindigkeiten v in m/min beim Drehen mit Hartmetall (Mittelwerte nach Angaben der HM-Hersteller)*

Werkstoff	Hartmetall-Sorte F 1	S 1		S 2		S 3		S 4	Universal		G 1		H 1		H 2	
Vorschub s mm/U →	0,1	0,8	0,1	1,5	0,2	2	0,3	bis 4	1,5	0,3	2	0,2	2	0,2	2	0,2
Stahl bis 60 kg/mm²	250	140	230	110	140	80	100	70	100	120						
60—80 ,,	200	120	180	90	120	60	90	50	75	100						
80—100 ,,	150	100	130	70	100	50	70	40	60	80						
>100 ,,	100	80	100	50	80	40	50	30	40	60						
Stahlguß 50—70 ,,	100	80	110	50	70	40	50	30	40	60						
Leg. Stahl 100—140 ,,	75	50	80	30	50	25	35	20	25	40						
Manganhartstahl	35	20	30	15	25	10	15		12	20						
Temperguß				60	90				70	100			60	90		
Gußeisen bis 200 HB									60	90	60	90				
200—250 ,,									70	110			50	90	60	100
>250 ,,									50	90			40	60	45	70
Kupfer											300	400	400	500		
Messing									300	400	300	500	400	600		
Aluminium													>500	>800		
Alu-Sil.-Leg.									120	200			120	200	120	200
Magnesium													>500	>800		
Hartgummi													200	300	200	300
Bakelite									100	200			80	150	150	300

Spantiefen *a* mm	
Feinschlichten	0,01—0,2
Schlichten	>0,2—2
Schruppen	>2

41. Die Schnittleistung N [kW] zur Bestimmung der Maschine errechnet sich, da in Richtung der Rückkraft P_R keine Geschwindigkeit und in Richtung der Vorschubkraft P_V nur die sehr kleine Vorschubgeschwindigkeit vorhanden ist, mit hinreichender Genauigkeit aus der Hauptschnittkraft und der Schnittgeschwindigkeit.

$$N = \frac{P_H v}{60 \cdot 102 \eta} = \frac{F k_s v}{6120 \eta} = \frac{a s k_s v}{6120 \eta} = \frac{h b k_s v}{6120 \eta} \text{ [kW]} \qquad (1)$$

Als Wirkungsgrad kann für eine gute Maschine $\eta = 0{,}75$ angenommen werden. Zur raschen, überschlägigen Bestimmung der Antriebsleistung bedient man sich Leitertafeln (s. techn. Handbücher).

Besonders wichtig an Tab. 9 ist die Zuordnung der verschiedenen HM-Sorten zum gleichen Werkstoff. Man erkennt, daß beim Drehen von Stahl die Schnittgeschwindigkeit in der Reihenfolge *F1–S1–S2–S3–S4* abnimmt, während sich die Vorschübe, also auch die Spanquerschnitte, vergrößern, so daß die Spanleistung der verschiedenen HM-Sorten etwa gleich ist. Der nach obiger Gleichung zu berechnende Energiebedarf für die gleiche Spanmenge je Minute wird jedoch mit zunehmendem Spanquerschnitt kleiner, weil k_s abnimmt.

42. Werkzeugabmessungen. a) Schaft. Die Hauptschnittkraft beansprucht den Meißel auf Biegung, um so mehr, je weiter er über die Aufspannfläche hinausragt. Man wählt daher den Schaftquerschnitt möglichst rechteckig, hochkant (s. DIN 770) und spannt ihn möglichst kurz ein. Als Schaftwerkstoff dient ein Kohlenstoffstahl von wenigstens 70—80 kg/mm² Festigkeit.

b) Schneidplatte. Unter gewöhnlichen Zerspanungsverhältnissen ergeben sich an der Spanfläche der Schneidplatte Zugspannungen, an der Freifläche Druckspannungen [*20*]. Sie haben in der Nähe der Schneidkante ihre höchsten Werte. Länge und Breite der Platte richtet sich nach dem Verwendungszweck des Werkzeuges, wobei die Forderung gestellt ist, daß die Schneide möglichst oft nachgeschliffen werden kann. Die Plattenstärke wird den zu erwartenden Schnittkräften angepaßt. Sie beträgt in der Regel $^1/_5$ bis $^1/_4$ der Schafthöhe, wenn das Werkzeug hauptsächlich an den Freiflächen nachgeschliffen wird (Tab. 10). Bei Formwerkzeugen wird man die Plattenstärke mit Rücksicht auf große Nachschleifmöglichkeit an der Spanfläche wesentlich größer wählen. Allgemein kann sie um so geringer sein, je höher die Festigkeit des Schaftwerkstoffes ist.

Tabelle 10.
Verhältnis der Plattenstärke zur Schafthöhe bei Drehmeißeln.

Schafthöhe mm	Plattenstärke mm
10	2
12	2,5
16	3
20	4
25	6
32	7
40	8

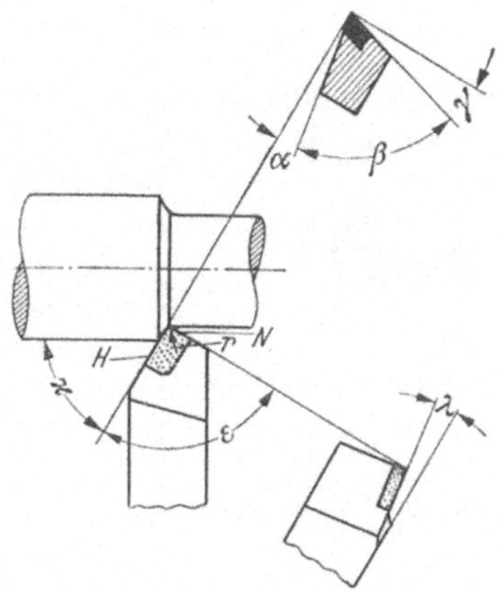

Abb. 51. Winkel und Bezeichnungen an der Drehmeißelschneide nach DIN 768 (rechter gerader Schruppstahl).
α Freiwinkel, β Keilwinkel, γ Spanwinkel, λ Neigungswinkel, ϰ Einstellwinkel, ε Spitzenwinkel, r Spitzenradius, H Hauptschneide, N Nebenschneide (vgl. Anmerkung bei Abb. 89).

43. Die Schneide (Abb. 51), dargestellt an einem rechten Schruppstahl nach DIN 4971.

a) Der Spanwinkel γ ist der wichtigste Winkel an der Schneide. Er ist in der Hauptsache der Zerspanbarkeit des Werkstoffes, der angewendeten Schnittgeschwindigkeit und den Eigenschaften der Hartmetallsorte anzupassen. Er beeinflußt die Standzeit der Schneide, ferner die Spanbildung und damit die

Oberfläche des Werkstückes. Große Spanwinkel begünstigen die Spanbildung un schonen die Maschine. Bei $\gamma \geq 20°$ wird P_R negativ; wichtig z. B. für Genau arbeiten auf Kurzhoblern. Große Spanwinkel machen aber die Schneide gege Ausbrüche empfindlicher, da sich die oben genannten Zug- und Druckbeanspru chungen der Schneidplatte mit kleiner werdendem Keilwinkel wegen Abnahme de Widerstandsmomentes vergrößern. Kleine Spanwinkel dagegen vergrößern di Bruchfestigkeit der Schneide. Man wendet deshalb bei hoher Beanspruchun (große Spanleistung, unterbrochener Schnitt) kleine oder gar negative Spanwinke an. Die Schneidenbelastung wird dabei wohl günstiger, der Spanablauf und di Spanverformung werden schlechter und bedingen größeren Kraftaufwand. Ins besondere nimmt die Rückkraft P_R erheblich zu und als Folge der Freiflächenver schleiß. Nimmt die Maschine bzw. das Werkzeug diese Kräfte nicht starr auf, s wird die gleichmäßige Spanabnahme gestört. Die dann auftretenden Schwingunge gefährden die Schneide. Den Vorteil günstiger Schneidenbelastung, verbunden mi guter Spanbildung, erhält man häufig dadurch, daß an der Spanfläche eine schmale etwa 1—2 mm breite Fase mit einem zweiten um 2—3° kleineren Spanwinkel an geschliffen wird.

Man muß bei der Bestimmung des Spanwinkels immer eine Kompromißlösung suchen, die allen Einflüssen Rechnung trägt. Die Hartmetall-Auswahl ermöglicht es, zur Bestleistung zu kommen. Die Spanbildung ist dabei ein wichtiges Kriterium. Hat man z. B. eine spröde, verschleißfeste HM-Sorte gewählt, die nur kleine Spanwinkel zuläßt, und beobachtet eine schlechte Spanbildung, so kann man die Schnittgeschwindigkeit steigern oder, falls das nicht mehr möglich ist, durch Einsetzen einer zäheren Sorte den Spanwinkel vergrößern. Es gilt dabei folgende Reihenfolge:

kleinerer γ	$F - S1 - S2 - S3 - S4$	größerer γ
größere v	$\longleftarrow$ $H2 - H1 - G1 - G2$ $\longrightarrow$	kleinere v

Für die Gußzerspanung wählt man im allgemeinen kleinere Spanwinkel, als für langspanende Werkstoffe. Bei Vergrößerung des Vorschubs tritt höhere Schneidenbelastung auf, die eine Verkleinerung des Spanwinkels oder eine zähere HM-Sorte verlangen.

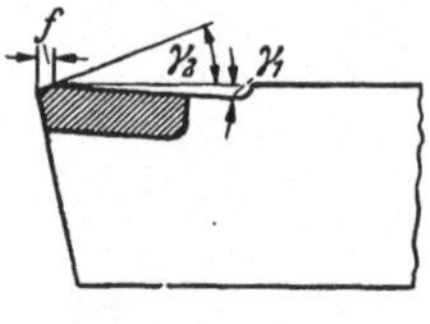

Abb. 52. Negativer Fasenanschliff. γ_1 positiver Spanwinkel, γ_2 negativer Spanwinkel an der Fase, f Fasenbreite.

Nach neueren Erkenntnissen ist bei der Stahlbearbeitung ein negativer Spanwinkel von 10—15° günstig, wenn gleichzeitig mit höherer Schnittgeschwindigkeit gearbeitet werden kann. Negative Spanwinkel verstärken die Schneide, da der Keilwinkel dann meist größer als 90° wird und auf der Spanfläche nur Druckbeanspruchung auftritt. Eine Kombination stellt der doppelte Spanwinkel dar. Ein negativer γ_2 ist als Fase an einem positiven γ_1 angeschliffen (Abb. 52). Die Schneidkante wird gegen Ausbrüche widerstandsfähiger, bei gleichzeitig guter Spanverformung. Die Fasenbreite f entspricht der Größe des Vorschubes in mm, so daß der Span noch über γ_1 ablaufen kann.

b) Der Freiwinkel α ist mit Rücksicht auf eine gute Schneidenunterstützung so klein wie möglich zu nehmen. Bei zu kleinem Freiwinkel nimmt der Freiflächenverschleiß zu. Ein guter Mittelwert für Stahl- und Gußbearbeitung ist α=5—6°. Er wird bei hartem Guß bis auf 4° vermindert, bei weichen Werkstoffen (Leichtmetall, Kunststoff) auf 8—10° vergrößert. Die genannten Werte gelten für den Freiwinkel, wenn die Stahlspitze genau auf Achsmitte Werkstück steht. α vergrößert bzw. verkleinert sich, wenn die Stahlspitze unter bzw. über Mitte steht. Bei dünnen Werkstücken, die leicht zum Rattern neigen, kann man den Freiwinkel durch einen Fasenanschliff an der Freifläche von 0,2 mm Breite noch verkleinern.

Der Freiwinkel wird in mehreren Stufen angeschliffen:

1. am Schaft, z. B. 9—10°,
2. am Hartmetall, z. B. 7—8°,
3. Fase von 1 mm Breite als Feinschliff, z. B. 5—6°.

Bei kleinen Stählen kommt man auch mit den 2 letzten Stufen aus, z. B. 8° und 6°.

c) Der Einstellwinkel $\varkappa$ liegt in der Regel zwischen 30 und 60°. Bei 90° ist es ein Seitenstahl, bei 0° ein Breitschlichtstahl. $\varkappa$ beeinflußt in der Hauptsache Spanquerschnitt und Schnittkraft. Bei gleicher Schnittiefe verlängert ein kleiner Einstellwinkel die im Eingriff stehende Schneide; der Span wird bei gleichem Spanquerschnitt und kleinerem Einstellwinkel breiter und dünner und damit die spezifische Schneidenbelastung kleiner, was sich auf die Standzeit günstig auswirkt. Man sollte deshalb beim Schruppen, starre Werkstücke vorausgesetzt, nicht den Seitenstahl verwenden, wie das in den Werkstätten so häufig zu beobachten ist. Bei langen, dünnen Werkstücken ist er jedoch aus einem anderen Grunde angebracht: Abb. 53 zeigt, daß sich die resultierenden Kraft U (Abdrängkraft) aus P_v und P_R mit größer werdendem Einstellwinkel mehr und mehr in Richtung der Werkstückachse verlagert, so daß das Werkstück quer zur Achse entlastet wird.

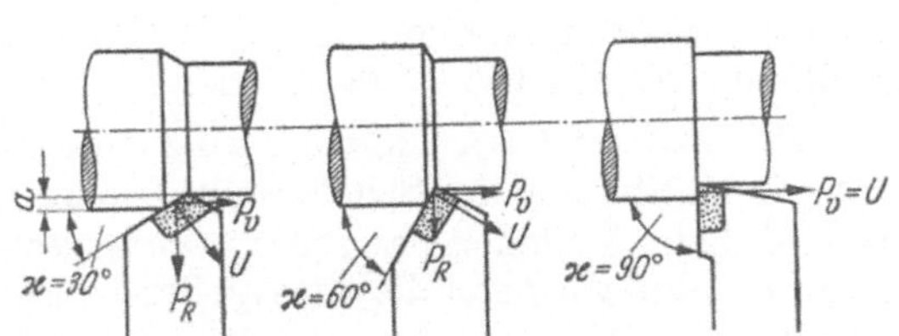

Abb. 53. Der Einfluß des Einstellwinkels $\varkappa$ auf die Richtung der resultierenden Kraft U.

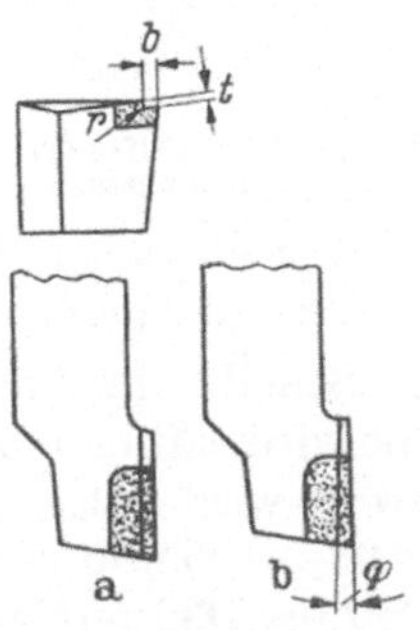

Abb. 54 a u. b. Spanbrecher am Drehstahl. *a* gerade Form, *b* geneigte Form.

d) Der Neigungswinkel λ hat bei HM-Drehmeißeln besondere Bedeutung, da er bei entsprechender Lage die empfindliche Schneidenspitze entlastet.

λ ist positiv, wenn die Spitze der Schneide der tiefste Punkt ist und negativ, wenn die Spitze am höchsten liegt (Abb. 51). Bei unterbrochenen Schnitten und stark wechselnden Spandicken arbeitet man deshalb mit positivem λ von 5—8°.

e) Die Spitzenrundung r. Grundsätzlich muß jede Schneidenspitze abgerundet sein, andernfalls bricht sie beim ersten Einsatz aus. Die Abrundung (Abb. 51) soll gleichmäßig von der Haupt- zur Nebenschneide verlaufen. Sie wird feingeschliffen, mindestens aber von Hand abgezogen. $r \geqq 1—2$ mal Vorschub in mm. Bei unterbrochenen Schnitten ist zur Verstärkung der Spitze ein großer Radius angebracht.

44. Der Spanbrecher. Beim Drehen von Stahl mit hoher Schnittgeschwindigkeit entstehen mitunter lange, gefährliche Wirrspäne. Um diese zu brechen, umzuformen und schnell abzuführen, sind geeignete Vorkehrungen erforderlich. Üblich sind:

1. Zusätzlich am Drehmeißel angebrachte verstellbare Spanbrecher,
2. eingeschliffene Spanstufen (Abb. 54).

Abb. 54a zeigt die parallele (gebräuchlichste) Form, $\varphi = 0°$, zum Drehen bei ungleichen Spandicken. In Abb. 54b ist die Spanstufe um den Winkel φ geneigt, zum Drehen bei gleichen Spandicken und zwar zum Schruppen positiv, derart, daß die Breite zur Spitze hin abnimmt, zum Schlichten negativ, derart, daß sich die Breite zur Spitze hin vergrößert. Breite und Tiefe der Spanbrecher sind dem Vorschub und Werkstoff anzupassen. Tab. 11 gibt Richtwerte, die Bestform ist durch Versuch zu ermitteln. Wird *b* zu klein gehalten, so rollen sich die Späne in Wendeln mit kleinem Durchmesser ab, die Spanstufe wird stark belastet und kolkt rasch aus. Allgemein gilt: *Großer Vorschub — breite Stufe, kleiner Vorschub — schmale Stufe.* Zum Einschleifen verwendet man besondere Vorrichtungen und gerade Schleifscheiben:

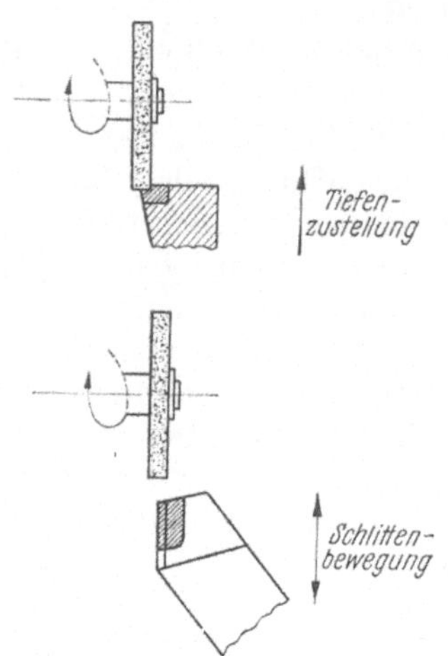

Abb. 55. Das Einschleifen des Spanbrechers am Drehstahl.

Tabelle 11. *Richtwerte für Breite und Tiefe der Spanbrechernute (Abb. 54).*

Werkstoff-Festigkeit kg/mm²	Tiefe t	Breite b
$<$ 70	0,6	6 × Vorschub
70—100	0,5	5 × Vorschub
$>$ 100	0,4	4 × Vorschub

1. SiC-Scheiben 120 K, Größe 150×8, bei 10 m/s, oder
2. Diamantscheiben D 100 Metallbindg., Größe 100×5 bei 15 m/s.

Die Scheibe muß formbeständig sein, was am besten mit der Diamantscheibe erreicht wird. Abb. 55 zeigt schematisch die Stellung der Scheibe zum Drehmeißel. Die Breite wird fest eingestellt, die Tiefe beim Schleifen nach und nach zugestellt, etwa 0,02—0,05 mm je Doppelhub. Zum Schluß wird erst die Fase an der Freifläche mit D50 bis D30 fertiggeschliffen.

45. Die Anfertigung. Die Herstellung soll grundsätzlich nach einer Zeichnung erfolgen, aus der die Baumaße, Schaftwerkstoff, HM-Plattengröße und -Sorte, sowie die Schneidwinkel zu ersehen sind. Bei der Fertigung sind folgende Arbeitsgänge vorzusehen:

1. Zurichten des Schaftes (s. Abschn. 20 und 42).
2. Fräsen des Plattensitzes entsprechend der Plattengröße und -lage; Schaft darf 0,5 bis 1 mm vorstehen; Ausgleichslötfolien sollen allseitig 2 mm vorstehen (Abb. 56).
3. Planschleifen der Platte.
4. Vorbereiten zum Löten: Zusammensetzen, binden, entfetten.
5. Löten (s. Abschn. 20 bis 23).
6. Sandstrahlen.
7. Planschleifen der Meißelauflage.
8. Fertigschleifen (s. Abschn. 46).

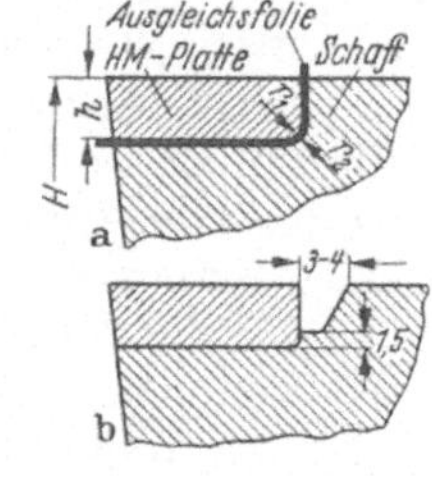

Abb. 56a u. b. Der Hartmetall-Plattensitz. *a* mit Ausgleichsfolie an 3 Seiten festgelötet, $r_1 > r_2$. *b* schulterfrei gelötet.

46. Das Schleifen der Schneide (vgl. Abschn. 27 bis 34).

1. Vorstehenden Schaft- und Lotwerkstoff abschleifen: Umfangsscheibe 400—500 ⌀, v = 20—25 m/s. Korund 24—36 K-N, naß, Freihandlauflage.
2. Hartmetallplatte vorschleifen: Umfangsscheibe 400—500 ⌀, v = 20—25 m/s, SiC 46 J, naß, Freihandauflage.
3. Schaft fertigschleifen: Topfscheibe 400 ⌀, v = 20—25 m/s, Korund 60 N, naß, verstellbare Tischauflage.
4. Hartmetallplatte fertigschleifen: Topfscheibe 400 ⌀, v = 20—25 m/s, SiC 80—120, H—J, naß, verstellbare Tischauflage.
5. Spanstufe einschleifen (s. Abschn. 44).

6. Spanfläche feinschleifen (wenn 5 nicht erforderlich): Topfscheibe 150 ∅, D 50—D 30, Kunststoffbindung, $v = 15$—20 m/s, naß oder trocken, verstellbare Tischauflage.

7. Freifläche feinschleifen (Fasenschliff): Topfscheibe 150 ∅, D 50—D 30, Kunststoffbindung, $v = 15$—20 m/s, naß oder trocken, verstellbare Tischauflage.

8. Abziehen der Schneide, wenn mit SiC-Scheiben fertig- und feingeschliffen wurde: Diamantfeile Korngröße 10 μ oder SiC-Abziehstein 400 M.

9. Prüfen (vgl. Abschn. 34).

10. Kennzeichnen; Werkzeugnummer, HM-Sorte.

47. Ausführungsbeispiele. Außer den in den Normblättern DIN 4971 bis 4981 aufgeführten Drehmeißeln sind in vielen Betrieben für Sondermaschinen, Vielstahl- und Revolverbänke, Automaten, sowie zum Feinstdrehen und -bohren Drehwerkzeuge im Gebrauch, die den besonderen Arbeitsverhältnissen angepaßt sind. Einige Beispiele sind in den Abb. 57 bis 62 dargestellt.

Die empfindlichen Schneiden kleiner Drehmeißel für Langdrehautomaten (Abb. 62) verlangen HM-Sorten, die be niederen Schnittgeschwindigkeiten, wie sie im Automatenbetrieb üblich sind, die hohe Verschleißbeanspruchung vertragen. H1 hat die größte Kornfeinheit, ergibt feine Schneiden und ist verschleißfest. S4 eignet sich wegen seiner hohen Zähigkeit für schmale, wenig starre Werkzeuge. Das Auflöten und Schleifen der schmalen Platten erfordert eine gewisse Geschicklichkeit. Das Schleifen ist nur auf Maschinen mit fester Meißeleinspannung möglich, z. B. Abb. 38. Feinstschliff mit kunststoffgebundenen Diamantscheiben Korn D30—D15.

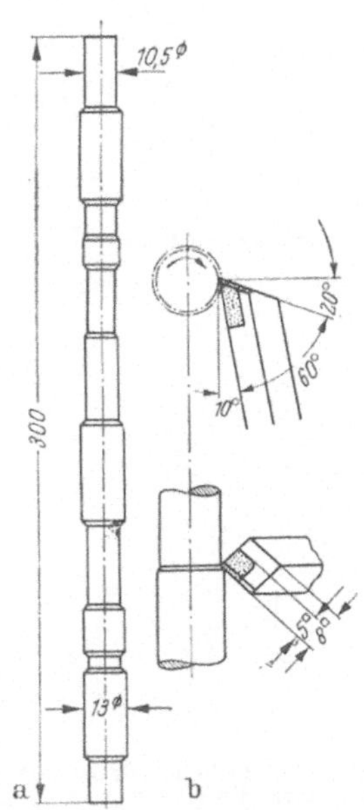

Abb. 57a u. b. Tangentialnachformdrehmeißel für dünne Werkstücke. a Werkstück aus Stahl 50 kg/mm² Festigkeit, vorgedreht, $a = 0{,}6$—$0{,}85$ mm, $v = 190$ m/min, $s = 0{,}14$ mm/U, b Stahl 8 × 8 mm, HM S1 5 × 5 × 10 mm, Spanbrecher $t = 0{,}5$ mm, $b = 2$ mm, $r = 0{,}2$ mm.

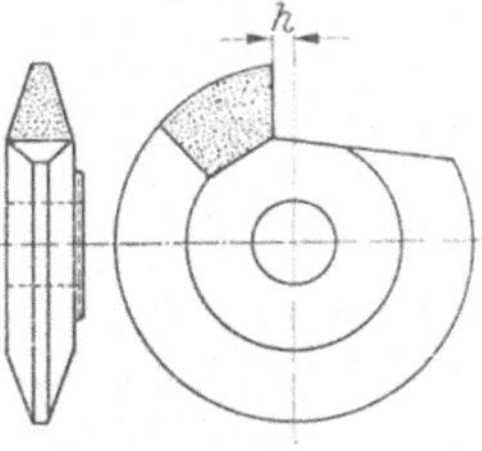

Abb. 58. Rundformwerkzeug für ein Keilriemenprofil. h Einstellhöhe.

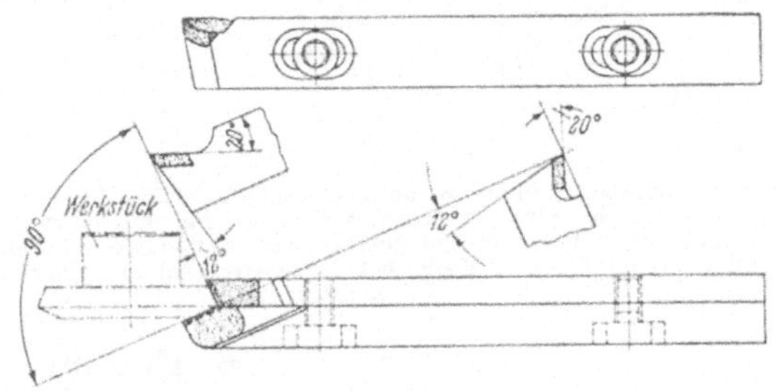

Abb. 59. Zusammengesetzter Formmeißel zur Kunststoffbearbeitung.

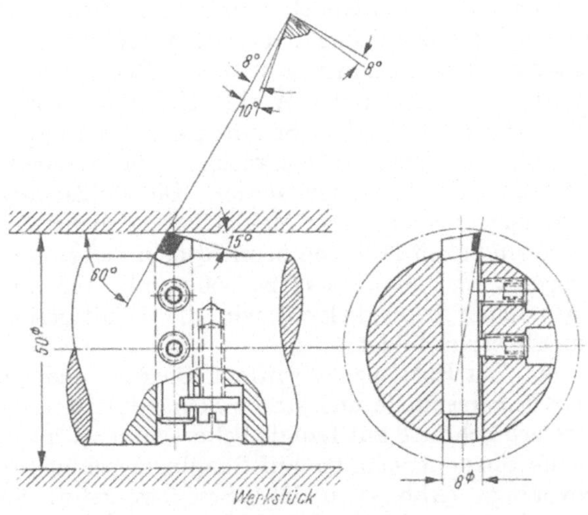

Abb. 60. Feinbohrmeißel mit Schraubzustellung.

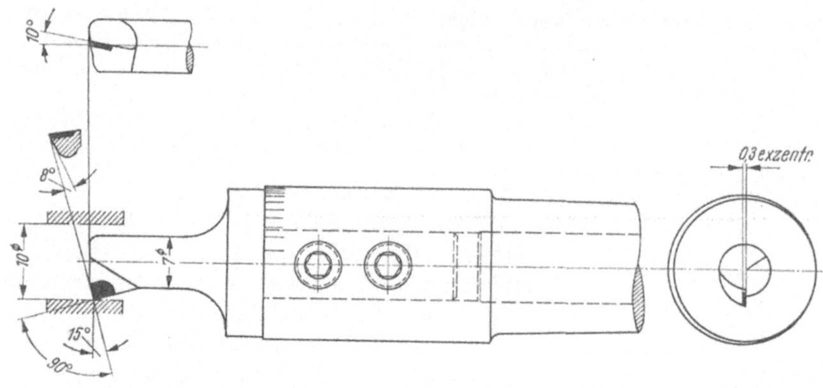

Abb. 61. Feinbohrwerkzeug für kleine Bohrungen unter 12 ∅ mit exzentrischer Zustellung.

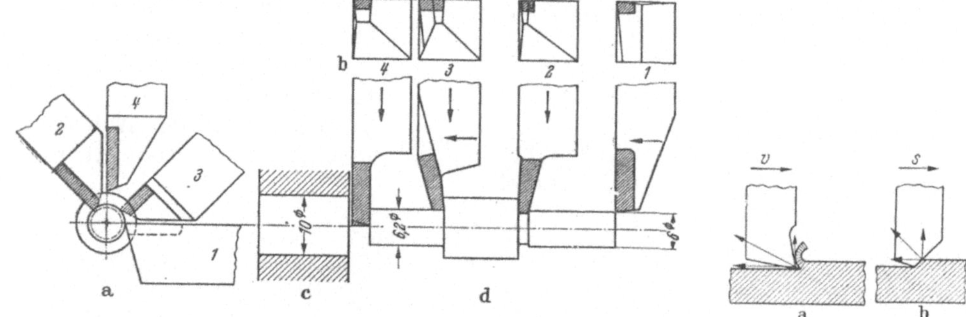

Abb. 62a—d. Meißelsatz für Langdrehautomat, bestückt mit HM S 4. *a* Anordnung der Meißel, *b* Arbeitsfolge der Meißel, verzerrt gezeichnet: *1* überdreht den Durchmesser 6 mm, *2* sticht ein, *3* sticht ein und überdreht den Durchmesser 6,2 mm, *4* sticht ab; *c* HM-Führungsbüchse; *d* Werkstück Automatenstahl 50 kg/mm² Festigkeit, $v = 55$ m/min.

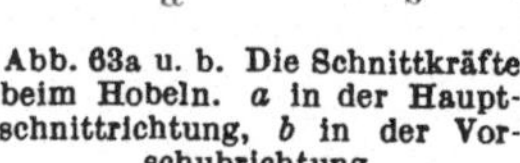

Abb. 63a u. b. Die Schnittkräfte beim Hobeln. *a* in der Hauptschnittrichtung, *b* in der Vorschubrichtung.

B. Hobeln.

48. Allgemeines. Der Hobelmeißel ist einschneidig. Seine geometrischen Verhältnisse an der Schneide sind dem Drehmeißel sehr ähnlich. Abb. 63 zeigt die Richtung der beim Hobeln auftretenden Schnittkräfte. Wegen der stoßweisen Beanspruchung der Schneide bei jedem Hub kann man den ganzen Hobelvorgang als unterbrochenen Schnitt betrachten. Der Einsatz von Hartmetallwerkzeugen beim Hobeln ist besonders bei Werkstoffen höherer Festigkeit und Härte wirtschaftlich. Die auftretenden hohen Schnittkräfte erfordern Maschinen mit starker Antriebsleistung und kräftige Werkzeuge. Die Schneide muß beim Rücklauf von der Arbeitsfläche abgehoben werden. Die Meißelhalterklappe zum Abheben darf kein Seitenspiel haben. Der Meißel ist möglichst kurz einzuspannen. Die Schnittgeschwindigkeit läßt sich beim Hobeln nicht bis zur Ausnutzung des Hartmetalles steigern. Für Stahl etwa 25—50 m/min, für Grauguß 20—40 m/min. Wenn der Span an der Schneide klebt, wird die Schnittgeschwindigkeit soweit erhöht, bis sich ein Fließspan bildet.

49. Der Hobelmeißel wird auf Biegung und Verdrehung beansprucht. Kräftige Schaftquerschnitte und starke Schneidplatten sind Voraussetzung (Tab. 12). Für schwere Schnitte auf Langhobelmaschinen wird der quadratische Querschnitt, für kleine Spanquerschnitte auf Shapingmaschinen die rechteckige Querschnittsform bevorzugt (Abb. 64 u. 65). Schaftwerkstoff 80—100 kg/mm² Festigkeit. Der Schneidplattensitz im Schaft und die Schneidplatte selbst sind so vorzubereiten, daß sie einwandfrei plan aufliegen. Die Platte wird ohne Spannungsgitter mit Kupfer aufgelötet. Lötnaht schmal halten. Zur Spannungsverminderung fräst man die Rückenanlagefläche auf $^2/_3$ der Plattenstärke frei. Die Auflagefläche des Hobelstahles wird eben bearbeitet, damit eine einwandfreie Einspannung möglich ist.

Tabelle 12. *Verhältnis der Plattenstärke zum Schaftquerschnitt beim Hobelmeißel.*

Schaftquerschnitt mm □	Plattenstärke mm
32	8
40	10
50	12
63	14

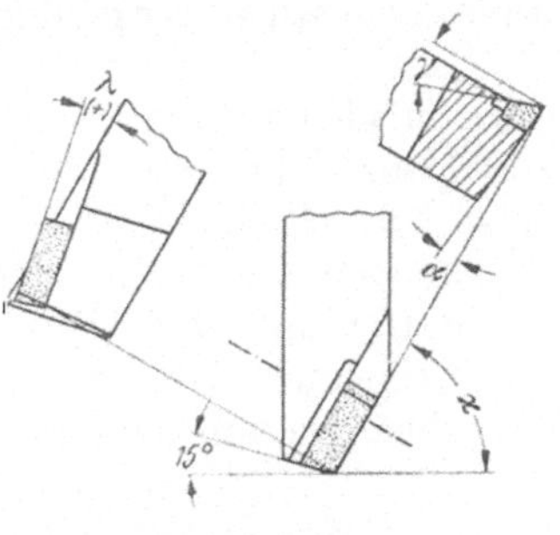

Abb. 64. Rechter Hobelmeißel (Schruppmeißel).

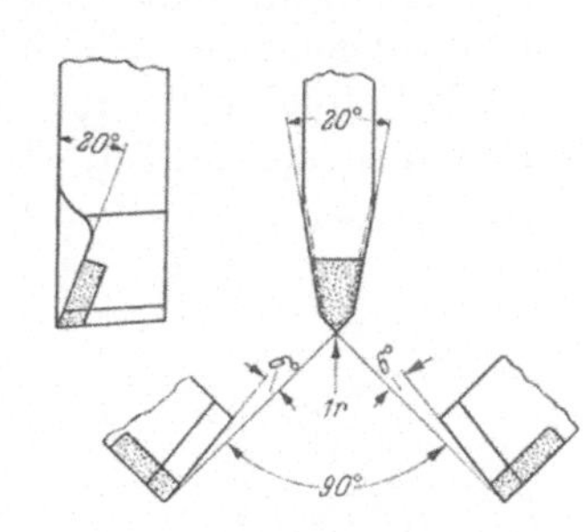

Abb. 65. Spitzhobelmeißel (Schlichtmeißel).

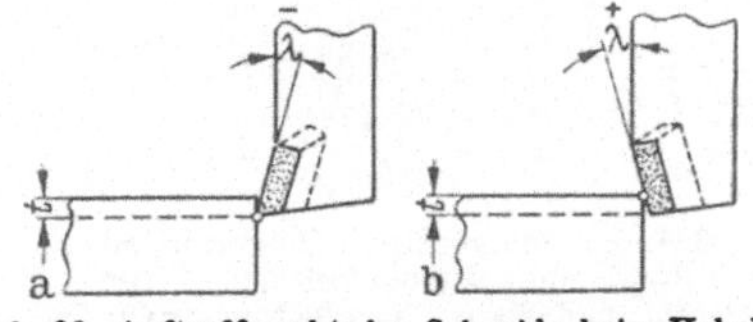

Abb. 66. Auftreffpunkt der Schneide beim Hobeln. *a* λ negativ, ungünstig; *b* λ positiv, günstig.

Gekröpfte Meißelausführungen, wie bei Schnellstahl üblich, sind unzweckmäßig. Da man nur mit kleinen und mittleren Schnittgeschwindigkeiten arbeiten kann, bringt ein negativer Spanwinkel höchstens bei sehr harten Werkstoffen Vorteile. Gewöhnlich wird mit positivem Spanwinkel von 15—20° gearbeitet. Besondere Bedeutung kommt dagegen dem Auftreffpunkt der Schneide zu, der bei unterbrochenem Schnitt so gelegt werden muß, daß die Schneidenspitze schleppend zum Eingriff kommt (Abb. 66). Bewährt haben sich positive Neigungswinkel von 10°. Werden zähe Stähle gehobelt, so schleift man der positiv verlaufenden Spanfläche eine schmale Fase von 0,2 mm Breite unter 0° an. Die Schneidkante wird mit der Diamantfeile leicht gerundet. Der Spitzenradius beträgt mindestens 1 mm.

Die HM-Sorten zum Hobeln von Grauguß sind G1 und H1. Für Stahl nimmt man S4 und S3. Für schwere Schnitte und ältere Maschinen sind immer die zäheren Sorten zu nehmen.

C. Bohren und Senken.

50. Der Spiralbohrer[1] (Abb. 67) ist ein zweischneidiges Werkzeug, das sich, zerspanungstechnisch gesehen, ungünstig mit HM bestücken läßt. Dadurch, daß sich die 2 Hauptschneiden an der Bohrerspitze treffen, wo *v* gleich 0 ist, können die Schneideigenschaften des HM nicht zur Entfaltung kommen. An der Querschneide wird der Werkstoff nur abgequetscht, es treten dabei hohe Axialdrücke auf. Der für eine gute Spanförderung notwendige Drallwinkel kann erst nach der HM-Platte beginnen. Die Schneide selbst hat nur kleine Spanwinkel, die zur Bohrermitte hin noch negativ werden.

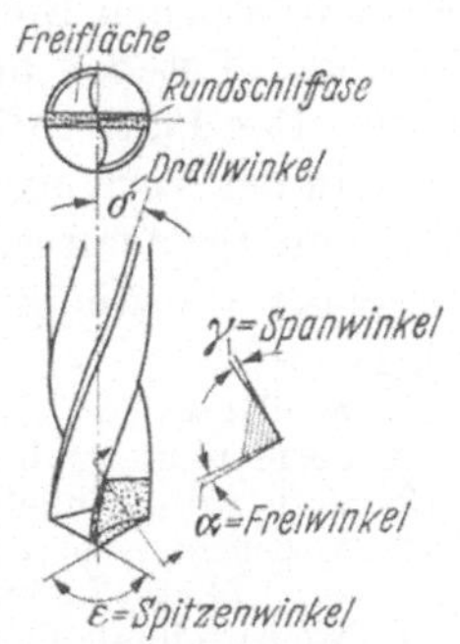

Abb. 67. Die Winkel am Spiralbohrer.

Das Hauptanwendungsgebiet der HM-bestückten Spiralbohrer sind harte und schwer zerspanbare Werkstoffe, wie z. B. harte Graugußsorten, Manganstähle, gehärtete Stähle, Isolierstoffe, Glas

[1] Bezeichnung zwar üblich, aber falsch: Die Nuten sind schrauben- oder wendelförmig, also besser: „Wendelbohrer" oder „Drallbohrer". Dasselbe gilt für den sog. „Spiralsenker".

usw., wo SS-Bohrer in der Regel hohem Verschleiß unterliegen oder überhaupt versagen HM-Bohrer lassen wohl *hohe Schnittgeschwindigkeit,* aber nur *kleine Vorschübe* zu. Gegen stoßweise Beanspruchung sind sie sehr empfindlich.

Zur Bestückung werden Schneidplatten nach DIN 8010 verwendet. Kleine Bohrer, in der Regel unter 5 mm ∅, stellt man auch aus Vollhartmetall her. Hier kann der Drallwinkel entsprechend günstiger ausgebildet werden. Einige Bohrerausführungen zeigt Abb. 68.

HM-bestückte Bohrer werden möglichst kurz ausgeführt, besonders die Spannute nur so lang gefräst, wie zur Spanabfuhr notwendig ist. Die mögliche Bohrtiefe ist durchschnittlich 3d. Schaft und Schneidplatte müssen die Kräfte der Schnittbewegung (Drehkraft) und der Vorschubbewegung (Axialkraft) aufnehmen. Drehmoment und Vorschubkraft sind abhängig von dem zu bohrenden Werkstoff, vom Durchmesser und Vorschub, nicht aber von der Schnittgeschwindigkeit. Der Schaft muß an seinen Führungsfasen hart sein. Es ist ein legierter Stahl zu nehmen, der von der Löthitze aus mit Preßluft gehärtet werden kann (s. auch Abschn. 19 und 20). Die Schneidplatte wird dabei nicht angeblasen, sondern langsam erkalten lassen. Die Drallnuten werden geschliffen, um eine gute Späneförderung zu erreichen. Da bei harten Werkstoffen nur mit kleinsten Vorschüben gearbeitet werden kann, wird der Freiwinkel möglichst klein gehalten, um der Schneide genügend Unterstützung zu geben. Der Verschleiß zeigt sich in der Hauptsache an den Freiflächen und Schneidecken. Die HM-Sorte H1 eignet sich für alle Werkstoffe. Abb. 69 zeigt zum Löten vorbereitete Spiralbohrer in Sonderausführung. Die Spannuten werden mit den gewöhnlichen Spiralbohrer-Formfräsern so eingefräst, daß an der Spitze ein Zentrierkopf stehen bleibt. Die Bohrerseele wird nach dem Schaft zu stärker gehalten. Der Plattensitz wird genau auf Achsmitte so tief eingeschnitten, daß die Platte in der Verlängerung der Spannute zu liegen kommt. Schlitzbreite ist gleich Plattenbreite, denn es wird ohne Ausgleichsfolie gelötet. Bei legierten Stählen ist Schutzgas zweckmäßig. Nach dem Löten wird der Bohrer in folgender Weise fertiggestellt:

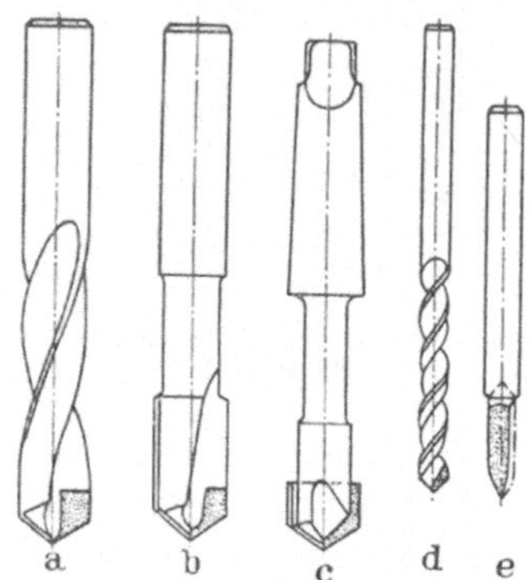

Abb. 68a—e. Gebräuchliche Bohrerformen *a* für Stahl- und Gußbearbeitung, *b* für Hartstahl- und Hartgußbearbeitung, *c* für keramische Werkstoffe, *d* für Leichtmetall, *e* für Glas.

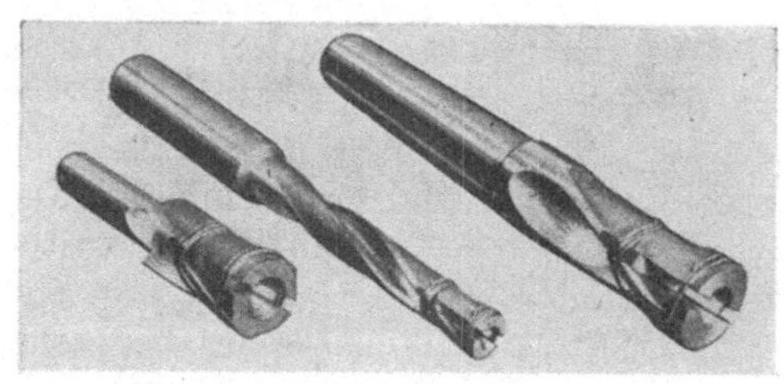
Abb. 69. Zum Löten vorbereitete Spiralbohrer in Sonderausführung.

1. Sandstrahlen.
2. Lotreste an grober SiC- oder Korundscheibe abschleifen, 24 M.
3. Richten und nachzentrieren.
4. Außenrundschleifen. Nach dem Schaft zu verjüngt sich der Bohrer um 0,1—0,3 mm auf 100 mm Länge. SiC-Scheibe 80—100 Jot.
5. Nuten schleifen an der Werkzeugschleifmasch. Korund 60 K bzw. SiC 80 Jot.
6. Zapfen abtrennen.
7. Scharfschleifen an der Spiralbohrerschleifmasch. SiC 60—100 Jot, $v = 25$ m/s, Wasserkühlung.
8. Ausspitzen an der Querschneide von Hand (Abb. 70).
9. Fasenschliff mit D 70—D 50 Bronze, $v = 15$—25 m/s.

Tabelle 13. *Arbeitsbedingungen beim Bohren mit Hartmetall.*

Werkstoff	Festigkeit	Spitzenwinkel	Freiwinkel	Schnittgeschw.	Vorschub *s* in mm/Umdr. bei			Kühlung
	kg/mm²	ε°	α°	*v* m/min	5 ∅	10 ∅	20 ∅	
Grauguß	18	118	8	75	0,04	0,06	0,1	Trocken
Grauguß	30	118	6	40	0,03	0,04	0,05	Trocken
Hartguß	40	118	5	10	0,01	0,02	0,03	Trocken
Stahlguß	70	118	6	25	0,03	0,04	0,05	Bohrwasser
Cr-Ni-Stahl	140	118	5	25	0,02	0,03	0,06	Bohrwasser
Manganhartstahl	80	118	4	20	0,02	0,02	0,03	Trocken
gehärteter Stahl	200	118	4	10	0,01	0,02	0,03	Terpentin Bohrwasser
Porzellan		90	4	10				Terpentin
Glas		Dreikantbohrer		20				Terpentin

Beim Bohren ist auf schlagfreie Einspannung zu achten. Die Maschine darf sich unter dem Bohrdruck nicht elastisch verformen (aufbäumen), da sonst der Bohrer beim Austritt aus der Bohrung infolge Zurückfederung der Maschine einhakt und zerstört wird. Richtwerte für zweckmäßige Schneidwinkel, anzuwendende Schnittgeschwindigkeiten und Vorschübe gibt Tab. 13 an. Der Vorschub ist möglichst klein zu halten, da die Widerstandsfähigkeit des Bohrers durch den Einbau der Schneidplatte schon geschwächt ist.

Nach Möglichkeit sollte man mit kleinerem Durchmesser vorbohren, um die Querschneide zu entlasten. Kühlmittel wie bei SS-Bohrern. Instandsetzen mit den bekannten Maschinen, jedoch mit SiC-Scheiben.

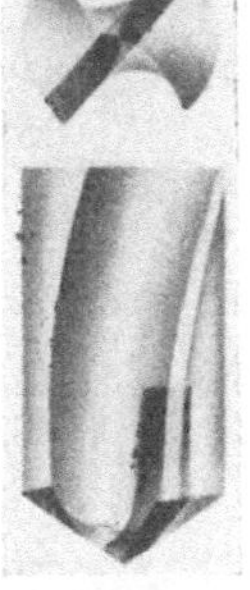

Abb. 70. Richtige Ausspitzung eines Spiralbohrers. (*Widia*-Fabrik.)

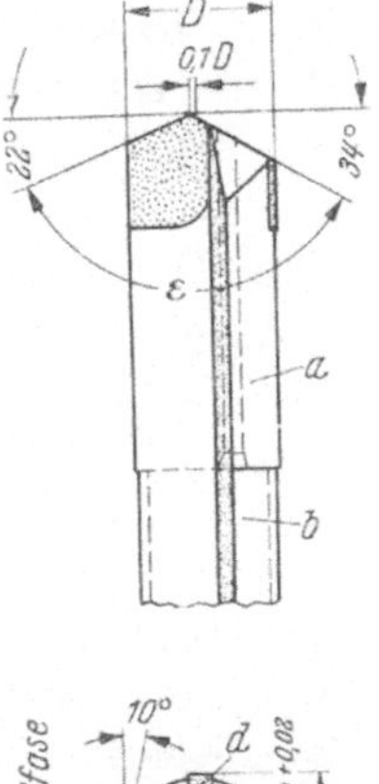

Abb. 71. Einlippiger Tieflochbohrer. *a* Bohrerschaft, *b* Stahlrohr, *c* Schneidplatte, *d* Druckleiste, *e* Druckölaustritt.

51. Tieflochbohrer. Zur Herstellung tiefer Bohrlöcher sind Tieflochbohrer verschiedener Konstruktionen bekannt [*21*], deren Schneiden und Führungsteile mit HM bestückt werden. Bevorzugt wird die Anordnung mit umlaufendem Werkstück, Der Bohrer führt dabei nur die Vorschubbewegung aus. Es sollen einige bewährte Bauarten beschrieben werden.

a) Die aus dem Schnellstahl- Tieflochbohrer entwickelte, hartmetallbestückte Form nach Abb. 71 für Bohrungen von etwa 8—30 mm ∅. Der Bohrer besteht aus dem Bohrkopf (leg. Stahl) mit einer HM-Schneide, der an ein entsprechend profiliertes Präzisionsstahlrohr, den Schaft, stumpf angeschweißt ist. Der Schaft wird vergütet. Am Bohrkopf sind außerdem in Richtung Hauptschnittkraft und Abdrängkraft 2 Hartmetalleisten angebracht, die die Führung des Bohrers in der Bohrung übernehmen.

Das Kühlmittel, ein hochdruckfestes Schneidöl, wird durch das Innere des Bohrers an die Schneide geführt und fließt zusammen mit den Spänen durch die Spannute ab. Der Kühlmitteldruck beträgt 15—30 atü, je nach Durchmesser der Bohrung — für den kleinen Durchmesser der höhere Druck.

Zum *Bohren von Stahl*: $v = 60$—80 m/min, $s = 0{,}01$—0,02 mm/U, HM-Sorte G1 bei kleinen Bohrern, die zum Schwingen neigen; S2, wenn stärkerer Kolkverschleiß auftritt, setzt aber starre Verhältnisse und höhere v voraus. Für die Druckleisten wird H1 oder G1 verwendet, da sie nur auf Reibung beansprucht werden. Es wird ohne Seele gebohrt, die Spanfläche steht deshalb genau auf Mitte. Sie wird mit einer kunststoffgebundenen Diamantscheibe D30 feingeschliffen und darf beim Nachschleifen nicht mehr überschliffen werden. Die Abstumpfungszone wird nur an der Bohrerspitze beseitigt. Topfscheibenschliff SiC 80 H, Fasenschliff mit D30. Für *langspanende* Werkstoffe ist in die Spanfläche noch ein *Spanbrecher* parallel zur Schneidkante einzuschleifen.

Zum Tieflochbohren wird der Bohrer in einer *Zentrierbüchse* geführt. Das Werkstück ist angebohrt. Es muß darauf geachtet werden, daß der Ölstrom nicht abreißt und die Späneförderung nicht unterbrochen wird. Durch Spanverklemmungen wird der Bohrer augenblicklich zerstört.

b) Der Tieflochbohrer Bauart „Beisner" (Abb. 72) ist besonders für große Bohrleistungen ab 20 mm ∅ geeignet und setzt besondere Maschineneinrichtung voraus.

Der Bohrkopf ist ein einschneidiges Werkzeug mit der Schneidenform und den Führungsleisten, ähnlich dem Einlippen-Tieflochbohrer. Der Bohrerschaft ist ein unprofiliertes rundes Stahlrohr, das mittels Gewinde am Bohrkopf befestigt ist. Über eine besondere Ölzuführungseinrichtung mit umlaufender Bohrbüchse kommt das Kühlmittel unter hohem Druck (10—20 atü) durch den sich zwischen Werkstück und Bohrer bildenden, ringförmigen Raum an die Schneide. Die anfallenden Späne fließen mit dem Ölstrom durch das *Innere* des Bohrers ab.

Bohren von Stahl: $v = 80—120$ m/min, $s = 0{,}02—0{,}04$ mm/U, je nach Durchmesser, HM-Sorte S1 und S2.

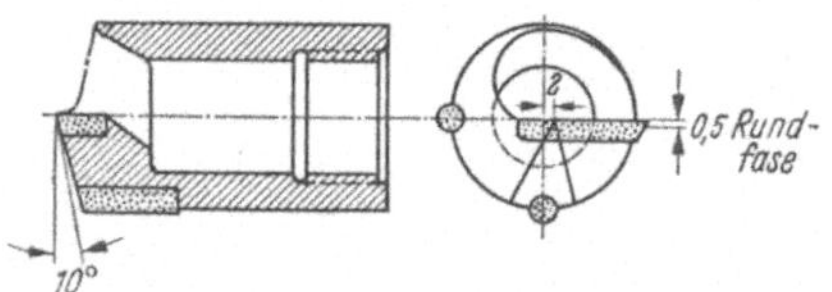

Abb. 72. Tieflochbohrer Bauart „Beisner".

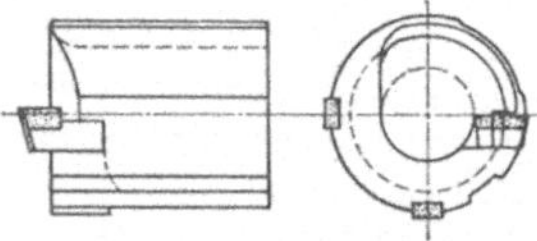

Abb. 73. Kernbohrkopf Bauart „Beisner".

c) Tieflochbohrer mit Kernbohrkopf Bauart „Beisner" (Abb. 73) für große Durchmesser ab 50 mm.

Bei diesen Bohrern wird mit einer schmalen Messerschneide nur noch ein *Hohlzylinder* aus dem Werkstück gebohrt. Der verbleibende *Kern* geht durch den hohlen Bohrer. Die Späne werden von der stufenförmig ausgebildeten Bohrerschneide gleich gebrochen und durch das Innere des Bohrers, also zwischen Kern und Bohrerwand mit dem Ölstrom abgeführt. Das Verfahren ist sehr wirtschaftlich, da mit großen Vorschüben (0,2—0,25 mm/U) gearbeitet werden kann. Günstige Zerspanungsverhältnisse liegen vor, wenn der Kern-∅ gleich 0,63 mal Bohrer-∅ gewählt wird [*22*].

52. Senker sind mehrschneidige Werkzeuge, die sich sowohl zum Schruppen als auch zum Schlichten eignen. Das hauptsächlichste Anwendungsgebiet hartmetallbestückter Senker ist die Graugußbearbeitung und zwar zum Aufsenken vorgebohrter oder vorgegossener Löcher, das Plansenken von Ringflächen, das Einsenken von Vertiefungen.

Ein wesentliches Merkmal des Senkens ist der dem Werkzeug in Achsrichtung erteilte *Vorschub*. Die Arbeitsweise ist dem Bohren ähnlich, jedoch sind die Zerspanungsverhältnisse beim Senken günstiger. Die Stirnzähne leisten die Zerspanungsarbeit, während die am Umfang verlaufenden Schneidkanten die Führung übernehmen und deshalb eine Rundfase erhalten. Die *Zähnezahl* des Senkers richtet sich nach seiner Größe und den Arbeitsbedingungen. Sie beträgt wenigstens 3, wenn ohne besondere Führung gearbeitet wird. Der *Schaft* muß Drehmoment und Vorschubkraft aufnehmen. Seine Festigkeit ist bei großen Senkern 60 bis 70 kg/mm², bei dünnen Senkern 90 kg/mm² und höher. Der Führungsteil wird gehärtet (s. Spiralbohrer) oder hartverchromt.

Schneidplatten vorzugsweise nach DIN 8011. Senker unter 6 mm ∅ sind aus Vollhartmetall. Für die Grauguß-, Aluminium-, Kunststoffbearbeitung kommen die HM-Sorten G1 und H1 in Betracht, für die Stahlbearbeitung in der Regel ebenfalls H1, nur bei höheren Schnittgeschw. S3; Schnittgeschw. wie beim Fräsen. Das

Werkzeug muß schlagfrei, das Werkstück unverrückbar in einer Vorrichtung eingespannt sein. Die Führungsbüchse geht bis nahe an das Werkstück. Die wichtigsten Senkerarten:

a) Spiralsenker und Aufstecksenker zum Aufsenken vorgebohrter oder vorgegossener Löcher werden mit und ohne Bohrbüchse verwendet. Zerspanungsvorgang und Schneidenausbildung wie beim Spiralbohrer. Die Bestückung ist dadurch möglich, daß die Spanfläche eine Einfräsung zur Aufnahme der Schneidplatte erhält. Der Schaft ist an den Führungsfasen gehärtet. Der kegelige Anschnitt (Spitzenwinkel 90°) zentriert das Werkzeug in der Bohrung. Er muß an allen Schneiden gleichmäßig ausgeführt sein. Die Freiflächen sind 6—8° hinterschliffen. Den Senkvorgang eines 3-schneidigen Spiralsenkers zeigt Abb. 74.

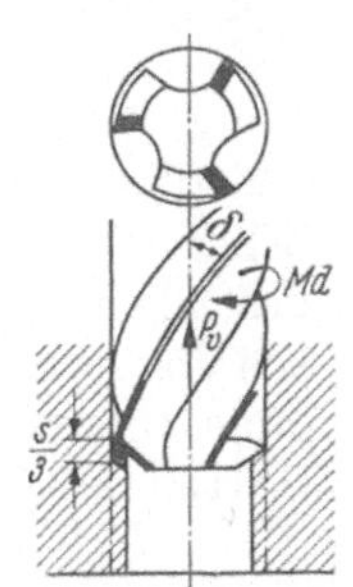

Abb. 74. Senkvorgang beim dreilippigen Spiralsenker. δ Drallwinkel, s/3 Vorschub je Zahn, Md Drehmoment, P_v Vorschubkraft.

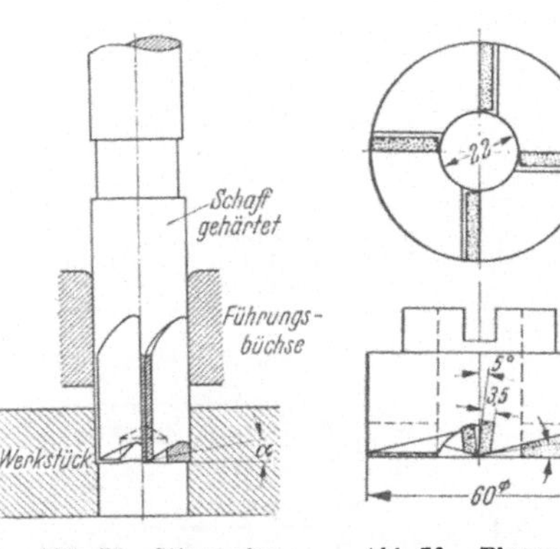

Abb. 75. Stirnsenker. Abb. 76. Plansenker

b) Stirnsenker (Abb. 75) sind Schlichtwerkzeuge zum Aufsenken genauer Bohrungen bis ISA-Qualität IT7, bei gleichzeitiger Verbesserung der Lochform und Lochlage. Anwendung wie beim Spiralsenker, jedoch nur mit Führungsbüchse dicht am Werkstück. Bei kleinem Vorschub ist eine sehr gute Oberfläche erreichbar. Der Stirnsenker ist auf seiner ganzen Länge genau zylindrisch. Die Stirnschneiden liegen rechtwinkelig zur Werkzeugachse und verlaufen radial. Die Freiflächen sind 6—8° hinterschliffen (mit Diamantscheibe D50). Zähnezahl wenigstens 3, in der Regel 4 und mehr. Die Umfangszähne erhalten eine Rundfase von 0,3—0,5 mm Breite zur Führung. Der Schaft ist gehärtet oder hartverchromt. Die Schnittgeschwindigkeit kann dem HM angepaßt werden, muß aber meist mit Rücksicht auf das Anfressen in der Führungsbüchse niedriger sein.

c) Plansenker (Abb. 76) können je nach dem Verwendungszweck ein- oder doppelseitig ausgeführt werden. Die Zähnezahl ist beliebig (meist 3—4), sie muß aber so gewählt werden, daß am inneren Durchmesser noch ein gut ausgebildeter Zahn entsteht. Der Grundkörper wird aus Baustahl mit einer Festigkeit von 60 bis 80 kg/mm² gefertigt. Für die Schneidplatten kommen die Formen G, H, I nach DIN 4966 oder Flachstäbe in Betracht. Zuerst fräst man den Plattensitz in die gewünschte Lage ein, dann erst Spanlücke und Zahnrücken. Für die Graugußbearbeitung ist ein Spanwinkel von 0—5°, für die Stahlbearbeitung 5—10° vorzusehen. Der Neigungswinkel ist meist 0°, d. h. der Zahnverlauf ist radial. Eine Zahnneigung, es genügen 5—10°, nach der einen oder anderen Seite, lenkt den Spanablauf nach innen oder außen. Bei Durchgangslöchern bevorzuge man die senkrechte Arbeitsweise, damit die Späne nach unten gut abfließen können. Das Befestigen der HM-Platten beim Löten erfolgt ähnlich der in Abb. 11 beschriebenen Weise. Bei größeren Werkzeugen läßt man beim Ausfräsen der Spanlücke einen schmalen Steg stehen. Bei mittleren Größen wird die Platte 2—3 mm tiefer als die Spanlücke gesetzt. Nur bei kleinen Werkzeugen unter 12 mm ∅ wählt man die Schlitzlötung und fräst bzw. schleift Spanlücke und Zahnrücken nach dem Löten ein. Löten mit Kupfer und Ausgleichsfolie. Die Bohrung wird gegen Eindringen von Lot und Flußmittel mit einem genau passenden Kohlestück geschützt. Sie wird mit Diamantschleifkörpern Körnung D100—D70 hoher Diamantdichte ausgeschliffen. Schleifstifte mit galvanisch aufgebrachtem Diamantkorn greifen stärker an, setzen aber sehr genauen Rundlauf voraus. Schleifgeschwindigkeit 10—20 m/s, jedoch nicht unter 5000 U/min. Zustellung 0,003—0,004 mm/Hub. Große Hubzahl ist zulässig.

d) Zapfensenker sind Plansenker mit eingesetztem Führungszapfen. Bei der Ausbildung der Zahnlücken ist darauf zu achten, daß die zu erwartende Spanmenge aufgenommen werden kann. Schneidplatten nach DIN 8011.

e) Spitzsenker in HM-Ausführung haben weniger Zähne als solche aus Schnellstahl. Die Bestückung ist einfach (Abb. 77a). Man bevorzugt die Schlitzlötung, da man die Platten auf andere Weise zum Löten schwierig befestigen kann. Nach dem Löten fräst bzw. schleift man die Spankammern ein. Der Schaft ist Baustahl mit 60—70 kg/mm² Festigkeit. Kleine Senker fertigt man aus Vollhartmetall. Man kann die Zähne in den entsprechend kegelig geschliffenen Hartmetallkörpern aus dem Vollen schleifen oder einen fertig gesinterten Senkkörper an einen Schaft löten (Abb. 77b). Der Freiwinkel wird in üblicher Weise auf einer Werkzeugschleifmaschine mit Diamantscheibe angeschliffen.

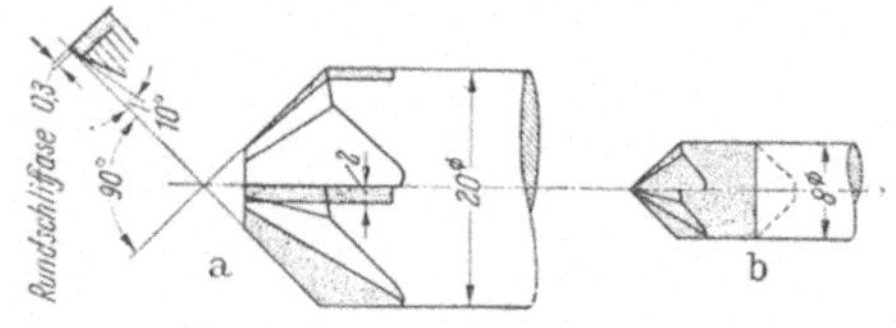

Abb. 77a u. b. Spitzsenker. *a* Ausführung mit eingelöteten Platten, *b* kleiner Senker aus Vollhartmetall mit Schaft aus Baustahl.

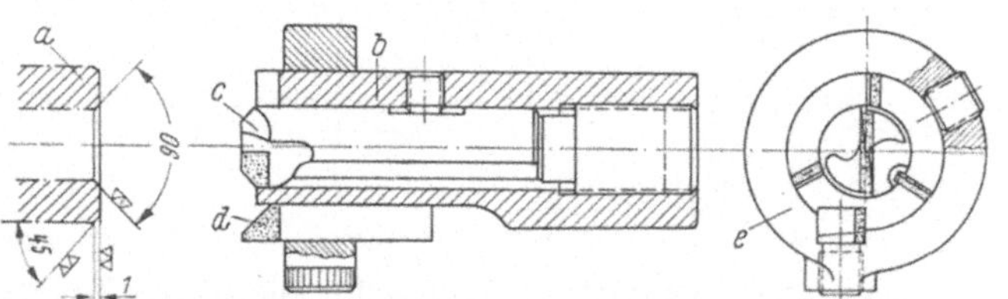

Abb. 78. Kombiniertes Senkwerkzeug zur Nabenbearbeitung auf Halbautomaten. *a* Werkstück, *b* Plansenker mit 3 Schneiden, *c* 90°-Senker mit 2 Schneiden, *d* Anfasmesser, *e* Haltering für Anfasmesser.

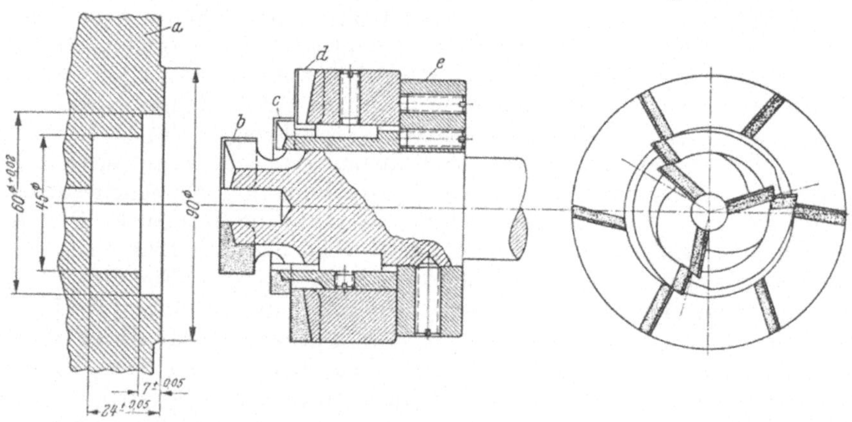

Abb. 79. Stufensenkwerkzeug zur Gehäusebearbeitung mit axial einstellbaren Senkern. *a* Werkstück, *b* Stirnsenker 45 mm ∅, *c* Stirnsenker 60 mm ∅, *d* Plansenker 90 mm ∅, *e* Stützring mit je 3 Schrauben zum Einstellen der Senker *c* und *d*.

f) Kombinierte Senker sind meist Zusammenstellungen oben beschriebener Senker, einem Sonderfall angepaßt. Abb. 78 zeigt ein Senkwerkzeug zur Nabenbearbeitung auf Halbautomaten. Der Plansenker *b* besitzt eine Schneide, die etwa 1—2 mm in die Bohrung hineinragt, damit die Nabenfläche bis zum Kantenbruch einwandfrei plan wird. Man lötet zuerst die 2 kurzen Schneiden mit Kupfer ein, wobei die Bohrung in oben beschriebener Weise geschützt wird. Wenn die Bohrung fertig bearbeitet ist, wird die lange Schneidplatte mit einem niedrig schmelzenden Silberlot angebracht. Der Stufensenker Abb. 79 dient zur Fertigbearbeitung des Werkstückes *a*. Die Abstandsmaße können mit Stellschrauben genau nach Lehre eingestellt werden.

53. Holzbohrer mit HM-Bestückung sind besonders zum Bohren von Hartholz, verleimten Hölzern und Kunststoffen geeignet. Auf die Holzzerspanung selbst wird im Abschn. *F* „Holz-Fräsen" näher eingegangen.

Bekannt sind Spiralbohrer mit eingesetzten Schneidplatten, wie im Abschn. 50 beschrieben. Ähnliche Spiralbohrer werden auch mit Zentrierspitze und Vorschneider hergestellt. Beide Bohrer haben schlechte Zerspanungseigenschaften, da ihre für die Holzzerspanung sehr ungünstig ausgebildeten Schneiden den Werkstoff abquetschen, statt durchschneiden. Bei harten Hölzern und bei Kunststoffen, die an sich kleinere Spanwinkel vertragen, ist die Spanbildung besser.

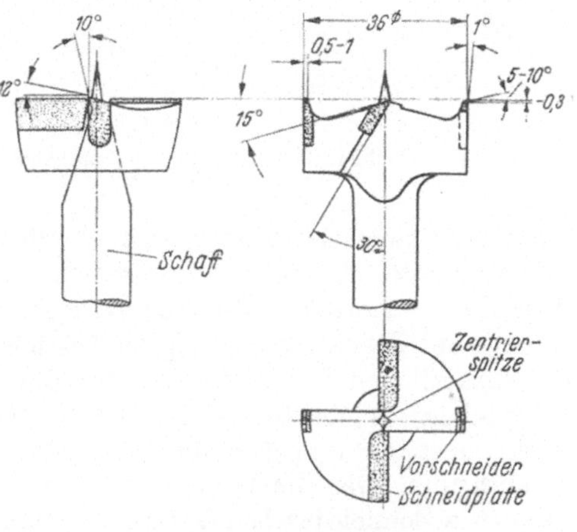

Abb. 80. Zentrumbohrer.

Ein Bohrer mit sehr guten Schneideigenschaften ist der in Abb. 80 dargestellte Zentrumbohrer. Er kann statt der Zentrierspitze auch mit Zapfen ausgeführt werden und dient dann zum Aufbohren bzw. Aufsenken vorgebohrter Löcher. Der Bohrer ist nur für größere Durchmesser herstellbar. Er besitzt 2 schmale Vorschneider mit Span- und Freiwinkel. Die HM-Platten der 2 Hauptschneiden werden entsprechend den vorgesehenen Schneidwinkeln aufgelötet. Die Zentrierspitze ist auswechselbar. Der Bohrerkörper besteht aus Baustahl mit 60 kg/mm² Festigkeit. Für die Schneidplatten nimmt man G1, für die Vorschneider H1. Die Zentrierspitze wird aus G3 oder noch besser aus Werkzeugstahl gefertigt. Vorschneider und Hauptschneiden liegen auf gleichem Durchmesser. In Vorschubrichtung müssen die Vorschneider 0,3—0,5 mm gegenüber den Hauptschneiden vorstehen. Dieses Maß muß auch beim späteren Nachschleifen eingehalten werden. Dadurch entsteht ein sauberer Lochanschnitt und Lochaustritt. Bei feinstgeschliffenen Schneiden fallen lange Lockenspäne an. Der Bohrer läßt Vorschübe bis 0,8 mm/U zu.

D. Reiben.

Obwohl das Reiben mehr und mehr vom Feinstbohren verdrängt wird, kann man in vielen Fällen zur Herstellung genauer, maßhaltiger Bohrungen mit entsprechender Oberflächengüte auf die Reibahle als Feinschlichtwerkzeug in der Fertigbearbeitung nicht verzichten. Sind die Voraussetzungen gegeben, ist das Reiben mit hartmetallbestückten Reibahlen immer wirtschaftlich, da meist die vorhandenen Einrichtungen geeignet sind und nicht, wie beim Drehen oder Fräsen, besonders leistungsstarke Maschinen verlangt werden. Der Gewinn liegt in der höheren Standzeit und damit in der Senkung der Werkzeugkosten je Werkstück. Es können fast alle Arten Reibahlen mit HM bestückt werden, ausgenommen stark schraubig genutete. Kleine Durchmesser unter 6 mm fertigt man aus Vollhartmetall und in diesem Falle können sie auch schraubig genutet sein. In der Praxis bewährten sich:

1. *Handreibahlen*, ähnlich DIN 206, wenn harte, stark verschleißende Werkstoffe zu bearbeiten sind.

2. *Maschinenreibahlen* aller Art zur Bearbeitung von Grauguß, Stahl, Leichtmetall, Kunststoff usw., wie DIN 8051, 8054 mit aufgesetzten Schneidenträgern ähnlich DIN 209 oder verstellbar ähnlich DIN 210, 211, 221. Bevorzugt wird immer die starre Bauart mit fest eingelöteten Schneidplatten. Sie soll hier näher beschrieben werden.

54. Die Konstruktion der Reibahle. Bei der Wahl der Zähnezahl ist auf ausreichende Starrheit und genügend große Spanlücken zu achten (Tab. 14). Reibahlen mit geraden Nuten lassen sich am einfachsten herstellen. Ungleiche Teilung verhindert Rattern. Gerade Zähnezahl mit 2 einander gegenüberliegenden Schneiden vereinfacht das Messen des Durchmessers. Die Reibahle wird in der Hauptsache auf Verdrehung beansprucht. Kleine Durchmesser unter 6 mm sind deshalb schwierig zu bestücken, da die zusätzlichen Ausnehmungen für die Plattensitze den Schaftquerschnitt stark schwächen. Solche Reibahlen fertigt man zweckmäßig aus Vollhartmetall, zumal diese bis etwa 8 mm ∅ in der Herstellung nicht teurer kommen, als die bestückte Ausführung. Der Einspannschaft in Abb. 81 kann Baustahl (CK 45) sein. Bei eingesetzten Schneidplatten fertigt man den Körper aus Stahl mit 90 kg/mm² Festigkeit. Der Schaft wird gleich hinter den Schneidplatten um 0,02—0,05 mm im Durchmesser kleiner geschliffen. Für tiefe Bohrungen wird der Führungsteil der Reibahle gehärtet (s. Spiralbohrer, Senker usw.) oder hartverchromt. Ebenso werden die bestückten Schneidmesser für verstellbare Reibahlen hinter den Schneiden abgesetzt oder aus Lufthärter-Stahl hergestellt und gehärtet. Hat man beim Löten von legierten Stählen Schwierigkeiten, so kann der Schaft auch aus zweierlei Werkstoffen stumpf zusammengeschweißt werden. Der unlegierte Teil trägt dann die Schneiden, da er sich leicht und sicher löten läßt, der legierte Schaft wird gehärtet.

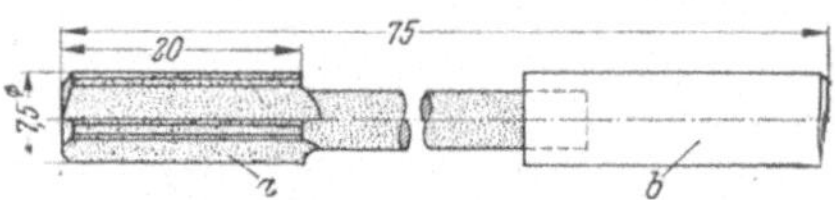

Abb. 81. Vollhartmetallreibahle. *a* Reibahlenkörper, *b* Schaft aus Baustahl.

Tabelle 14. *Richtwerte für die Zähnezahl bei HM-Reibahlen.*

Reibahlen ∅ mm	Zähnezahl	
	Handreibahle	Masch.-Reibahle
bis 8	4	4
> 8—10	4—5	4
>10—15	6	6
>15—20	6—7	6
>20—30	8	6—8

Handreibahlen werden zweckmäßig mit Vorführzapfen ausgeführt, der den Durchmesser der aufgesenkten Bohrung erhält und die Reibahle, ohne zu verkanten, gleichmäßig zum Anschnitt kommen läßt.

Für *Maschinenreibahlen* mit kurzem Anschnitt (Abb. 82, Anschnittwinkel 45°) sind die Schneidplattenformen nach DIN 8011 ausreichend. Bei Reibahlen für die Bearbeitung zäher Werkstoffe, ebenso bei Handreibahlen, die lange, schlanke Anschnitte (Anschnittwinkel 1—3°) verlangen, sind DIN-Platten zu kurz. Hier verwendet man HM-Flachstäbe mit einem Querschnitt von 1×4 bis 2×5 mm in Längen von 40—60 mm. Solche Stäbe werden noch ausreichend gerade hergestellt und man kann sie mit versetzten Stoßstellen zu längeren Schneiden zusammensetzen und auflöten.

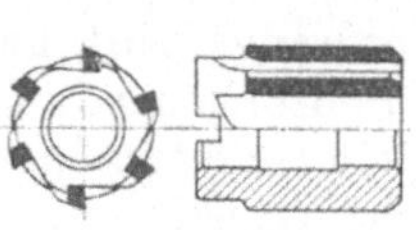

Abb. 82. Aufsteckreibahle n. DIN 8054.

Für den Reibvorgang eignen sich am besten die feinkörnigen, verschleißfesten HM-Sorten G1 und H1, auch für die Stahlbearbeitung. Nur in Fällen, in denen Stahl mit hohen Schnittgeschwindigkeiten bearbeitet werden kann, wird auch S2 verwendet.

55. Die Herstellung. Bei Reibahlen bis etwa 15 mm ∅ fräst man zunächst nur den Plattensitz ein. Der Schlitz wird radial bzw. positiv unter 5° im Körper angebracht (Abb. 83). Die Spankammern werden nach dem Löten eingefräst bzw. eingeschliffen. Bei größeren Durchmessern werden auch die Spankammern vorgefräst. Man läßt aber einen schmalen Steg von etwa 1 mm Breite stehen, um der Platte beim Löten den nötigen Halt zu geben. Schneidplatten bis 20 mm Länge kann man ohne Ausgleichsfolie löten. Für längere Platten aus H1 wird eine Diatomfolie von 0,2 mm Stärke empfohlen.

Das Rundschleifen auf das Fertigmaß erfolgt in mindestens 2 Arbeitsgängen: Vorschleifen mit SiC-Scheiben 60 Jot, naß; Fertigschleifen mit der Diamantscheibe, Korn D 50 (Umfangsschliff), trocken oder mit Petroleum. Beim Rundschleifen ist eine Verjüngung nach dem Schaft hin um 5—7 μ vorzusehen. Auch der Anschnittkegel ist schon beim Rundschleifen anzubringen. Bei großen Reibahlen, wo die Spankammern schon eingefräst sind, entstehen erfahrungsgemäß beim Rundschleifen an den Spanflächen abfallende Schneidkanten. Diese „hängende Zone" muß beim nachfolgenden Spanflächenschliff beseitigt werden. Vorschleifen mit 80 K, Feinschleifen mit D 50 kunststoffgeb. Der Spanwinkel γ beträgt in der Regel 0°, d. h. die Spanfläche verläuft radial.

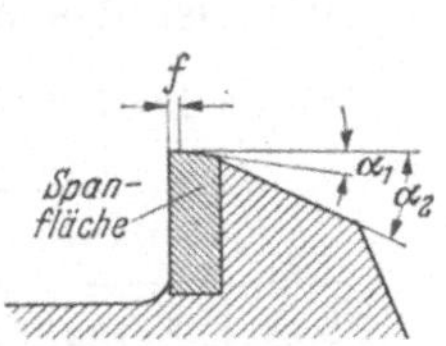

Abb. 83. Reibahlenzahn. α_1 Freiwinkel, α_2 Rückenwinkel, f Fasenbreite.

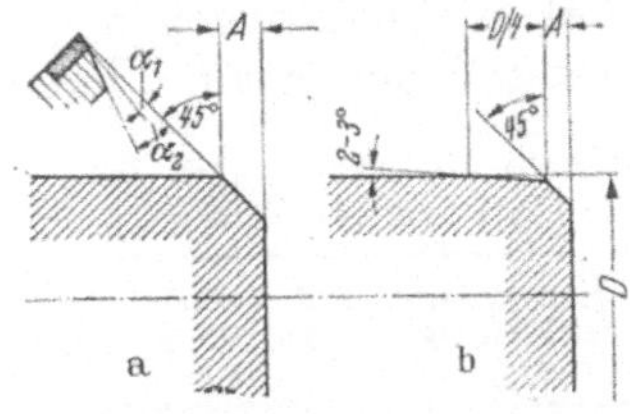

Abb. 84a u. b. Maschinenreibahlen-Anschnitt. a einfacher Anschnitt; b doppelter Anschnitt; A Anschnittlänge, α_1 Freiwinkel am Anschnitt (Feinschliff), α_2 Rückenwinkel am Anschnitt (Vorschliff).

Der Freiwinkel α_1 (Abb. 83) wird auf einer Werkzeugschleifmaschine mit Zahnunterstützung soweit angeschliffen, daß noch eine schmale Rundschleiffase zur Führung der Reibahle stehen bleibt. Diamantscheibe Korn D 100 kunststoffgeb. Die Rundfase bleibt 0,1—0,3 mm breit (Tab. 15). Breite Fasen setzen beim Reiben Werkstoff auf und erzeugen eine rauhe Oberfläche.

Tabelle 15. *Fasenbreite, Anschnitt und Schneidwinkel am Reibahlenzahn.*

Reibahle ∅ mm	Fasenbreite f mm	Freiwinkel α_1 Grad	Rückenwinkel α_2 Grad	Anschnittlänge[1] A mm	Anschnittwinkel[2] α_1 Grad	Anschnittwinkel[2] α_2 Grad
6—10	0,1	7	25	1	10	20
$>$10—15	0,15	7	25	1,5	8	18
$>$15—20	0,2	6	20	1,8	7	15
$>$20—25	0,25	6	20	2	7	15
$>$25—30	0,3	5	20	2	6	15

[1] Einfacher Anschnitt.
[2] Abb. 84.

Der Anschnitt mit der Schneidecke ist der empfindlichste Teil der Reibahle. Er leistet die Zerspanungsarbeit und erzeugt den Durchmesser. Der Führungsteil mit der Rundfase wirkt nur noch glättend. Der Anschnittwinkel ist bei Maschinenreibahlen meist 45° (Abb. 84a). Falls in der Bohrung Riefenbildung beobachtet wird, kann die Schneidenecke durch einen zweiten Anschnittwinkel (Abb. 84b) gebrochen werden. Zum Reiben von Stahl ist höchste Schneidengüte erforderlich. Man bekommt Schwierigkeiten, wenn nicht alle Zähne genau auf einem Kreis liegen. Das Hinterschleifen des Anschnittes ist deshalb mit größter Sorgfalt auszuführen. Anschnittschleifen mit D 50 und Feinstschleifen mit D 30 kunststoffgeb. bei $v = 20$ m/sek.

Jede fertig geschliffene HM-Reibahle ist mit einer Schutzhülle zu versehen.

56. Anwendung. Durch Reiben wird wohl das Maß und die Oberfläche, nicht aber die Lage der Bohrung verbessert. Grundsätzlich kann man senkrecht und waagerecht reiben. Voraussetzung sind starre Werkstückaufnahme und genau fluchtende Werkstück- und Werkzeugachsen. Vorteilhaft ist ein Werkzeugspannfutter mit Radialausgleich. Das Reibaufmaß ist gleichmäßig und nicht zu klein zu wählen. Der Anschnitt darf nicht nur schabend arbeiten, sondern muß in den Werkstoff eindringen können. Tab. 16 gibt Richtwerte für die Reibzugabe bei Grauguß und Stahl. Bei Leichtmetallen ist das Aufmaß im allgemeinen noch größer. Die Oberflächengüte wird beim Reiben durch die Schnittgeschwindigkeit beeinflußt. HM-Reibahlen lassen gegenüber SS-Reibahlen nur wenig höhere Schnittgeschwindigkeit zu. Der Vorschub ist ebenfalls auf die gewünschte Oberfläche abzustimmen. Richtwerte für v und s gibt Tab. 17. Bei zähen Werkstoffen fällt die Bohrung häufig zu eng aus. Der richtige Reibahlendurchmesser kann oft erst durch einen Versuch ermittelt werden, da er sehr vom Werkstückwerkstoff abhängig ist. Dünnflüssige Schmiermittel ergeben im allgemeinen engere Bohrungen, als solche höherer Viscosität.

Tabelle 16. *Reibzugabe bei Grauguß und Stahl.*

Durchmesser der Bohrung mm	Reibzugabe auf den Ø mm
bis 10	0,1—0,2
$>$10—20	0,2—0,3
$>$20—40	0,3—0,4

Tabelle 17. *Schnittgeschwindigkeiten und Vorschübe beim Reiben.*

Werkstoff	v m/min	s mm/U
Stahl $<$ 100 kg/mm²	10—20	0,2—0,4
Stahl $>$ 100 kg/mm²	6—10	0,1—0,2
Grauguß $<$ 200 HB	10—20	0,2—0,5
Grauguß $>$ 200 HB	5—10	0,1—0,3
Leichtmetall	30—40	0,4—0,9
Kunststoff	20—30	0,4—0,8

Reibahlen bis 20 mm Ø kann man bis 10 μ, größere Durchmesser bis 20 μ in einfacher Weise dünner läppen: Man reibt mit der betreffenden Reibahle ein Gußeisenstück aus, gibt Diamantläppaste zu und läßt sie einige Umdrehungen entgegen gesetzt laufen.

Geeignete *Schmiermittel* verbessern die Oberflächengüte der Bohrung, vermindern die Schnittkräfte und erhöhen die Standzeit der Schneiden. Grauguß wird im allgemeinen trocken bearbeitet. Bei automatischem Betrieb ist zur besseren Kühlung jedoch manchmal Petroleum zweckmäßig. Zum Reiben von Stahl wird Emulsion oder dünnes Schneidöl verwendet. Für die meisten Leichtmetalle ist Emulsion, für Silumin Seifenspiritus geeignet. Bei schlechter Wärmeabführung, z. B. Trockenbearbeitung von Graugußteilen auf Mehrspindelautomaten, kann sich der Schaftwerkstoff der Reibahle so stark ausdehnen, daß nach einer gewissen Zeit die Bohrungen nicht mehr maßhaltig werden. In solchen Fällen haben sich Vollhartmetall-Reibahlen bewährt.

E. Fräsen.

Voraussetzung für den Einsatz hartmetallbestückter Fräswerkzeuge sind Maschinen mit ausreichender Leistung und starre Verhältnisse im System Maschine-Werkzeug-Werkstück. Das Fräsverfahren und seine Arbeitsbedingungen, wie Fräsbreite, Spantiefe, Vorschub, Schnittgeschwindigkeit, sind bei der Planung festzulegen. Sie beeinflussen die Wahl der Maschine und des Werkzeuges. Zur Flächenbearbeitung ist das Stirnfräsen grundsätzlich dem Walzenfräsen vorzuziehen.

Stirnfräser lassen erheblich größere Spanmengen zu, als Walzenfräser. Sie ermöglichen deshalb in günstigster Weise den Einsatz von HM, sowohl beim Schruppen als auch beim Schlichten.

57. Die Messerköpfe sind zur wirtschaftlichen Bearbeitung ebener und abgesetzter Flächen bestens geeignet. Die verbrauchten Schneiden lassen sich in ein-

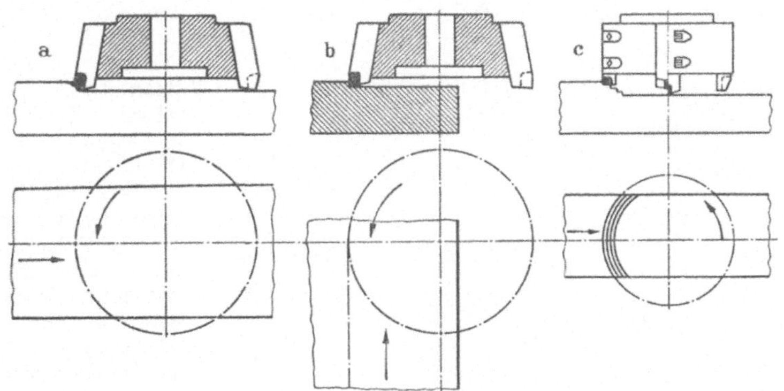

Abb. 85. Messerkopfarten. *a* Planmesserkopf, *b* Eckenmesserkopf, *c* Stufenmesserkopf.

facher Weise durch neue ersetzen. Beim Stirnfräsen verläuft der Vorschub senkrecht zur Werkzeugachse. Man kann je nach dem Verwendungszweck nach Abb. 85 unterscheiden:

a: *Planmesserköpfe* zum Bearbeiten ebener Flächen. Die Hauptschneiden liegen auf einem Kegelmantel.

b: *Eckenmesserköpfe* zum Fräsen abgesetzter, ebener Flächen. Die Hauptschneiden liegen auf einem Zylindermantel.

c: *Stufenmesserköpfe* für größere Spanabnahme auf leistungsschwachen Maschinen. Die Hauptschneiden liegen auf einer Spirale und sind axial entsprechend der Frästiefe einstellbar.

Diese Bauarten kann man weiterhin unterscheiden nach Größe, Aufspannart, Schneidenzahl, Schneidenstellung, Schneidenbefestigung. Die *Auswahl* richtet sich nach dem Bearbeitungsfall, insbesondere nach der vorhandenen Maschine, der Form des zu bearbeitenden Werkstückes und dem zu zerspanenden Werkstoff.

Trägerkörper und Messer müssen die auftretenden Schnittdrücke ohne Eigenschwingungen aufnehmen. Der *Trägerkörper* muß starr und wenig ausladend gebaut sein. Vom *Messer* wird ausreichender Schaftquerschnitt verlangt. Es soll vom Körper nur so weit abstehen, wie zu einem guten Spanabfluß notwendig ist. Der Messerkopf muß bequem nachgeschliffen werden können. Die Messer müssen sich einfach und ohne Beschädigung lösen lassen. Zwecks einfacher Lagerhaltung sind für möglichst viel Messerkopfdurchmesser gleiche Messerquerschnitte zu verwenden.

Für die *Messerherstellung* gilt alles das, was auch beim Drehstahl beschrieben wurde. Die HM-Sorten sind je nach Zerspanungsfall für Grauguß G1 und H1, für Stahl S 2 und bei starren Verhältnissen S 1. Die HM-Plattenformen sind G und H nach DIN 4966 sowie Sonderformen, die sich leicht und oft nachschleifen lassen. An der Haupt- und Nebenschneide läßt man zweckmäßig die Platte vorstehen.

58. Die Messerkopfbefestigung hat das auftretende Drehmoment sicher zu übertragen und einen genauen Rund- und Planlauf des Werkzeuges zu gewährleisten. Je nach Messerkopfgröße und Spindelausführung der zur Verfügung stehenden Maschine sind die in Abb. 86a bis e dargestellten Verbindungsarten gebräuchlich.

Vorzuziehen ist immer die unmittelbare Befestigung auf der Frässpindel ohne Zwischenschaltung eines Aufsteckdornes (Abb. 86a bis c). Bei Abb. 86a u. b greifen die Mitnehmersteine in die Quernute des Messerkopfes. Diese Befestigungsart ist besonders für schwere

Schnitte geeignet. Sie vermeidet weitestgehend Schwingungen, die die Schneide ungünstig beeinflussen. Die Aufnahme Abb. 86c ist ebenfalls eine bevorzugte Befestigung für schwere und mittelschwere Schnitte. Die Anschlußmaße sind in DIN 2202 festgelegt. Das Mitnehmerstück greift in die Ausnehmungen des Messerkopfes und der Frässpindel und wird durch die hohl gebohrte Frässpindel festgezogen. Bei Abb. 86d ist die Werkzeugmitnahme durch Längs- oder Querkeilnut nach DIN 138 möglich. Diese Befestigung ist nur für Messerköpfe unter 250 mm ∅ mit kleiner Spanleistung geeignet, für schwere Schnitte ist sie nicht genügend starr. Aufsteckdorne werden mit Steilkegelschaft nach DIN 2080 oder Morsekegelschaft nach DIN 2207 ausgeführt. Sie müssen gehärtet und mit hoher Genauigkeit geschliffen sein. Die Aufnahme nach Abb. 86e wird nur für Messerköpfe unter 160 mm ∅ ausgeführt.

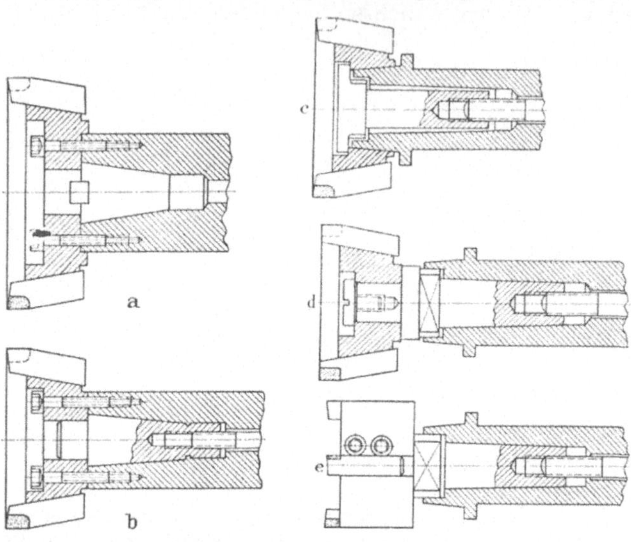

Abb. 86a—e. Messerkopfbefestigung.
a Aufnahme mit Außenzentrierung auf der Frässpindel nach DIN 2079,
b Aufnahme mit Zentrierdorn im Steilkegel der Frässpindel nach DIN 2079,
c Aufnahme auf dem Außenkegel 1 : 3,33 des Frässpindelkopfes nach DIN 2201,
d Aufnahme mit zylindrischer Bohrung unter Verwendung eines Aufsteckdornes,
e Aufnahme für Messerköpfe unter 160 mm Durchmesser mit Steil- oder Morse-Kegelschaft.

59. Die Messerzahl ist abhängig vom Durchmesser und Verwendungszweck des Werkzeuges. Jede Schneide kann, entsprechend der Zerspanbarkeit des Werkstoffes und der gewünschten Oberfläche, mit einem bestimmten Vorschub belastet werden (Tab. 20, S. 53). Eine große Messerzahl ergibt demnach einen hohen Vorschub je Umdrehung und je Minute. Der Vorschub je Zahn und die Anzahl der im Eingriff stehenden Schneiden bestimmen aber die von der Maschine aufzubringende Leistung. Bei schwer zu bearbeitenden Werkstoffen ist die Messerzahl daher nach oben begrenzt. Die in der Praxis üblichen Messerzahlen für Schrupp- und Schlichtbearbeitung sind in Tab. 18 zusammengestellt.

Abb. 88. Messerkopf mit axial und radial einstellbaren Messern (*Rohde und Dörrenberg*).

Tabelle 18. *Übliche Messerzahl bei Messerköpfen für Schrupp- und Schlichtbearbeitung.*
Niedere Werte für leistungsschwache Maschinen; hohe Werte für starke Maschinen, stark unterbrochenen Schnitt, dünnwandige Werkstücke.

Messerkopf ∅ (mm)	Messerzahl bei der Bearbeitung von:			
	Grauguß	Stahl	Stahlguß	Leichtmetall
75	6— 8	4— 6	6— 8	3
100	6— 8	6	6— 8	3
125	8—10	6	6— 8	3
160	10—12	6— 8	8—10	4
200	12—16	6— 8	8—10	4
250	16—20	8—10	10—12	6
300	20—26	8—10	10—12	8
350	20—26	8—10	12—16	10
400	22—32	10—12	12—16	12
450	24—36	10—12	12—18	12
500	24—40	10—12	14—20	14

Wie ersichtlich, sind zum Fräsen von Grauguß mehr Messer im Werkzeug, als bei der Stahlbearbeitung. Im Vergleich zu Grauguß wird Stahl mit viel höherer Schnittgeschwindigkeit bearbeitet, die Schnittleistung je Zahn steigt auf das Mehrfache, so daß bei gleicher Antriebsleistung weniger Zähne im Eingriff stehen können. Bei der Leichtmetallbearbeitung mit sehr hohen Schnittgeschwindigkeiten und den sich daraus ergebenden großen Vorschüben kommt man mit weniger Zähnen aus.

60. Die Messerbefestigung kann sehr verschieden ausgeführt sein. Ihre Konstruktion bestimmt weitgehend die Leistung und Lebensdauer eines Messerkopfes.

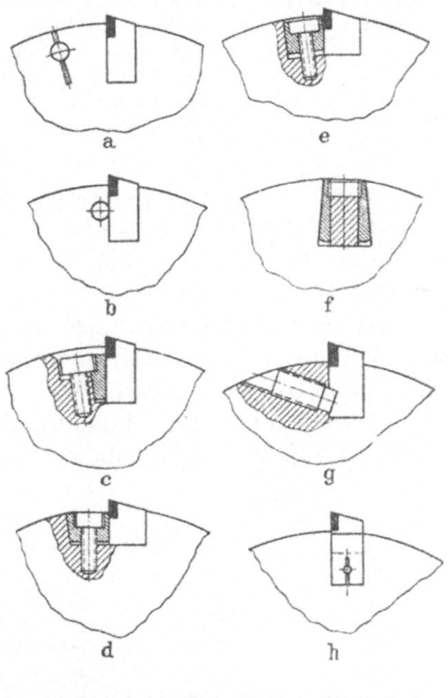

Abb. 87a—h. Messerbefestigungen.

a: Der Kegelstift im geschlitzten Tragkörper ist billig und platzsparend. Diese Ausführung ist nur für geringe Ansprüche geeignet, da der Tragkörper durch die vielen Schlitze geschwächt wird. Sie wird häufig bei Scheibenfräsern angewendet. Der Kegelstift sitzt zwischen 2 Messern in der Nähe des Umfangs.

b: Der abgeflachte Zylinderstift sitzt als Spannkeil unmittelbar am Messer und wirkt auf dieses. Die Ausführung ist einfach und billig. Anwendung bei beschränkten Platzverhältnissen. Für große Beanspruchung unzureichend. Bei wiederholtem Aus- und Einbau sitzt der Stift meistens schlecht.

c: Keilspannung mit Schraubensicherung. Die Keilleiste hat eine gute Flächenanlage und man erreicht eine sehr feste, viel angewandte Verbindung. Nachteilig ist die einseitige Belastung der Schraube.

d: Der Blockkeil ist ein- oder doppelseitig angeschrägt und wird durch Schrauben festgehalten. Es werden hohe Spanndrücke erreicht. Die Schrauben werden nur auf Zug beansprucht. Zum Lösen des Keils kann eine Abdrückschraube eingebaut werden. Einen Messerkopf mit dieser Befestigung der Messer zeigt Abb. 88.

e: Spannbüchse mit Schraube. Je nach Größe des Werkzeuges werden ein, zwei oder mehr solcher Büchsen angeordnet. Die angeschrägte Zylinderbüchse wirkt ähnlich wie der Blockkeil, jedoch werden nicht die hohen Spannkräfte erreicht. Das Lösen dieser Verbindung ist oft schwierig.

f: Der Doppelkeil (Bauart *Montanwerke Walter*) spannt die Messer absolut fest und erlaubt gleichzeitig ein rasches Auswechseln. Durch das Anziehen der Schrauben spannen sich die Keilschenkel zwischen Nuten und Messerflächen fest. Das Messer wird gleichzeitig nach unten gedrückt.

g: Die Schraubenspannung, sog. „V-Spannung" (Bauart *Greiner*), ermöglicht, die Messer leicht und schnell zu wechseln. Die Messer können außerhalb des Messerkopfes auf Stähleschleifmaschinen scharfgeschliffen werden. Dieser Vorteil ist besonders da auszunützen, wo für große Messerköpfe die Sonderschleifmaschinen fehlen. Die Messer werden nach Lehre geschliffen und im Messerkopf axial mit Hilfe einer Meßuhr ausgerichtet.

h: Ohne Befestigungselemente im Tragkörper sitzen die abgewinkelten Vierkantstähle in geräumten Vierkantlöchern des Tragkörpers (Bauart *Rohde und Dörrenberg*). Die Befestigung ist bei geringem Raumbedarf außerordentlich starr. Ein Kegelstift spreizt den geschlitzten Messerschaft.

Am häufigsten findet man die Keil- und Schraubenspannung oder beide vereinigt. Die Messer sollen möglichst tief und mit ihrer gesamten Tragfläche satt im Körper sitzen. Die Befestigung soll in Richtung Hauptschnittkraft wirken. Der Schnittdruck beansprucht den hervorstehenden Teil auf Biegung. Bei weit vorstehenden Messern wirkt sich diese nachteilig auf die Standzeit der Schneide aus. Einige der zahlreich entwickelten Messerbefestigungsarten zeigen die Abb. 87a bis 87h.

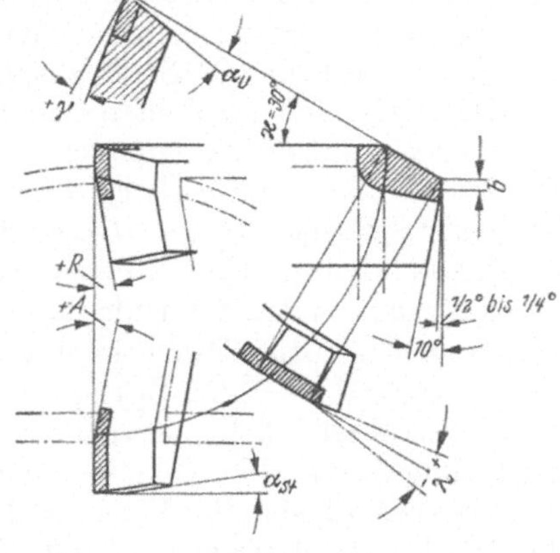

Abb. 89. Schneidwinkel am Messerkopf (vgl. Abb. 51, Drehmeißelschneide). α_U Freiwinkel an der Umfangsschneide, α_{St} Freiwinkel an der Stirnschneide, γ Spanwinkel, $\varkappa$ Einstell- oder Eckwinkel, λ Neigungswinkel, R Radialwinkel, A Axialwinkel.

Anmerkung: Neigungswinkel λ wird dann positiv, wenn die Schneidspitze den übrigen Schneidenteilen nacheilt. (vgl. WITTHOFF: Werkst. u. Betr. 1949, H. 2).

61. Messerstellung und Schneide. In Abb. 89 sind die wichtigsten Einbau- und Schneidwinkel am Fräserzahn eines Planmesserkopfes dargestellt. *Radialwinkel R* und *Axialwinkel A* kennzeichnen die Lage des Messers im Messerkopf und bestimmen in Verbindung mit dem Einstell- oder Eckwinkel den Angriffspunkt (Kontaktpunkt) der Schneide, den wirksamen

Spanwinkel, sowie den Spanablauf. Beide Winkel werden bei der Konstruktio des Messerkopfes festgelegt und sind für ein bestimmtes Messer unveränderlich

Der *Neigungswinkel* λ der Schneide ist 0°, wenn die Schneidkante in einer durch di Fräserachse gehenden Ebene liegt. $R = 0°$ und $A = 0°$ ergeben $\lambda = 0°$. Legt man R positiv wird λ positiv. Neigt man das Messer zusätzlich um den Achswinkel nach der positiven Seite so wird je nach Größe dieses Winkels A der Neigungswinkel λ kleiner und schließlich 0°. Be weiterer Neigung wird λ negativ. Wählt man den Radialwinkel negativ, wie dies bei de Stahlbearbeitung notwendig ist, so wird λ negativ. Wird nun das Messer zusätzlich in Achs richtung negativ geneigt, so verkleinert sich wieder λ bis 0°. Erst bei weiterer Neigung wird positiv.

Die bei der Zerspanung wirksamen *Schneidwinkel* γ und α werden immer senk recht zur Schneidkante gemessen. Man unterscheidet den Freiwinkel α_U an der an Umfang liegenden Hauptschneide und α_{St} an der stirnseitig liegenden Neben schneide. Beide Freiflächen werden, wie beim Drehmeißel, unter zwei Winkel hinterstellt. Dem um etwa 3—4° größeren Vorschliff- oder Rückenwinkel schließt sich der eigentliche Freiwinkel an. Dieser wird so klein wie möglich gehalten und nur als schmale Feinschliffase ausgebildet (Tab. 19). Die Stirnschneide wird nach etwa 3 mm frei geschliffen. Ob auch diese schmale Schneidkante nach der Achse zu noch um einen kleinen Winkel freigestellt werden muß, hängt vom Fräsbild ab und muß von Fall zu Fall erprobt werden.

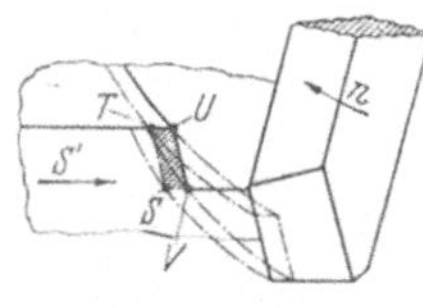

Abb. 90. Angriff des Fräserzahnes beim Stirnfräsen. S, T, U, V Eckpunkte des Spananfanges.

Tabelle 19. *Span- und Freiwinkel am Stirnfräser.*

Werkstoff	Spanwinkel γ Grad	Freiwinkel am Umfang α_U Grad	Freiwinkel stirnseitig α_{St} Grad
Stahl bis 100 kg	—15 bis —5	6	5
Gußeisen weich	0 bis +5	6	5
Gußeisen hart	—5 bis 0	6	5
Leichtmetall	+10 bis +15	8	6

Das Fräsen ist ein Zerspanungsvorgang im unterbrochenen Schnitt. Jede Fräserschneide kommt nach einer vollen Umdrehung des Fräsers erneut zum Anschnitt. Die dabei auftretende *Stoßbeanspruchung* muß vom empfindlichsten Teil der Schneide, nämlich der Spitze und Kante ferngehalten werden [*23*]. *Radial- und Axialwinkel* sind so abzustimmen, daß die erste Berührung zwischen Werkzeug und Werkstück, der sog. *Auftreff- oder Kontaktpunkt*, an einer stoßunempfindlichen Stelle der Spanfläche liegt. Diese Erkenntnis ist besonders bei der Stahlbearbeitung ungeheuer wichtig. Der Schneidenverschleiß wird ferner dadurch vermindert, daß die Eindringzeit der Schneide, d. i. die Zeit vom ersten Auftreffen bis zum vollen Eindringen der Spanfläche in das Werkstück, möglichst lang ist. Die Schneide trennt nach Abb. 90 den Spanquerschnitt $STUV$ ab. Die erste Berührung erfolgt innerhalb dieser Fläche entweder in einem der Punkte S, T, U, V oder als Linienberührung in ST, TU, UV, VS oder auf der ganzen Fläche $STUV$. Dabei ist es von Einfluß, ob sich die Fräserachse innerhalb oder außerhalb der zu bearbeitenden Werkstückoberfläche befindet. Eine Winkelzusammenstellung, die zu einem U oder UV-Auftreffen führt, entlastet die Schneide. Beim Stahlfräsen ist ein S-Auftreffen unerwünscht, da dies die empfindliche Schneidspitze zu hoch beansprucht.

62. Leistung und Arbeitsbedingungen. Den *Durchmesser* eines Messerkopfes wählt man 20—40% größer als die Breite B der zu fräsenden Fläche. Weiter ergeben sich dann mit den Bezeichnungen

B Fräsbreite (mm),
a Schnittiefe (mm),
s Vorschub je Umdr. (mm/U),
s' Vorschub je min (mm/min),
s_z Vorschub je Zahn (mm/Zahn),
n Drehzahl des Messerkopfes (U/min),
v Schnittgeschwindigkeit (m/min),
z Zähnezahl des Messerkopfes,
z_e im Eingriff stehende Zähnezahl,
k_s spezifische Schnittkraft (kg/mm²),
P_H Hauptschnittkraft (kg), tangential am Messerkopf wirksam,
η Wirkungsgrad der Fräsmaschine,

die Umrechnungen:

$$s = z\, s_z \text{ (mm/U)}; \quad s' = n\, s = n\, z\, s_z \text{ (mm/min)}; \quad s_z = \frac{s'}{n\, z} \text{ (mm/Zahn)}.$$

Die *Spanmengenleistung* [*24*] aus Spanvolumen $B\, a\, s_z$ und Schneidenfrequenz $n\, z$ wird

$$V_m = B\, a\, s_z\, n\, z \text{ [mm}^3\text{/min]}. \tag{2}$$

Den *Leistungsbedarf* der Maschine erhält man mit Gl. (1) (Abschn. 41, S. 32) zu

$$N = \frac{P_H\, v}{6120\, \eta} = \frac{a\, s_z\, z_e\, k_s\, v}{6120\, \eta} \text{ [kW]} \tag{3}$$

Die Spanmengenleistung als Hauptmaß für die Wirtschaftlichkeit ist abhängig von der Maschinen- und Werkzeugleistung. Während man die Maschinenleistung durch den Bau überschwerer, starker Maschinen steigern könnte, sind der Werkzeugleistung durch den Schneidenbaustoff Grenzen gesetzt. Steigert man die Spanleistung, wird die Standzeit geringer und der Gewinn an Laufzeit wird durch höhere Werkzeugwechsel- und Instandhaltungskosten wieder aufgewogen.

Meist ist die Fräsbreite durch das Werkstück gegeben, ebenso ein Messerkopf mit bestimmter Zähnezahl. v und s sind dann die wichtigsten Faktoren, die so aufeinander abzustimmen sind, daß die beste Fräsleistung erzielt wird. v ist in erster Linie werkstoffabhängig (Tab. 20). Die Spantiefe hat auf die Standzeit wenig Einfluß, sie soll nicht unter 0,3 mm liegen.

Tabelle 20. *Richtwerte für Schnittgeschwindigkeit und Vorschub beim Stirnfräsen.*

Werkstoff	HM	Schnittgeschwindigkeit v beim Schruppen m/min	Schnittgeschwindigkeit v beim Schlichten m/min	Vorschub/Zahn s_z mm
Gußeisen < 200 HB	G 1/H 1	50—60	80—150	0,1 —0,5
Gußeisen > 200 HB	H 1	40—50	60—120	0,1 —0,2
Stahl < 80 kg/mm²	S 1/S 2	100—180	150—250	0,1 —0,4
Stahl 80—110	S 1/S 2	80—150	120—180	0,1 —0,3
Stahl 110—140	S 1/S 2	60—100	100—120	0,08—0,2
Leichtmetall	G 1/H 1	400—800	800 u. höher	0,1 —0,5
Kunststoff	G 1	100—300		0,1 —0,5

Bei spröden Werkstoffen, z. B. Grauguß, bilden sich kurze Bröckelspäne. Die Berührungsfläche und -zeit zwischen Span und Spanfläche der Schneide sind unbedeutend. Ausschlaggebend ist der Reibungsverschleiß an der Freifläche. Zeigt sich übermäßig starker Verschleiß, so ist die Schnittgeschwindigkeit v zu senken (untere Grenze etwa 40 m/min) oder der Vorschub s_z zu steigern. Bei s_z unter 0,05 mm/Zahn steigt der Freiflächenverschleiß erheblich an. Negative Spanwinkel bringen bei der Gußbearbeitung keinen Vorteil.

Bei langspanenden und zähen Werkstoffen, z. B. Stahl, ist Fließspanbildung anzustreben. Fließspäne entstehen nur bei hoher Schnittgeschwindigkeit. Die bei der Stahlbearbeitung erforderlichen negativen Spanwinkel (Abb. 91) führen beim Auftreffen der Spanfläche auf das Werkstück zu hohen Stauchdrücken im Span. Die dabei auftretende Wärme wird in die Späne abgeführt, so daß Werkzeug und Werkstück nur wenig erwärmt werden. Die Schneide wird dabei hauptsächlich ausgekolkt. Bei starker Auskolkung bricht die Schneide aus. Der Spanwinkel wird um so mehr negativ gelegt, je zäher der zu bearbeitende Werkstoff und je höher die

Abb. 91. Fräsen von Stahl (100 kg/mm² Festigkeit) mit negativem Spanwinkel. (*Hermann Greiner*, Urach/Württ.)

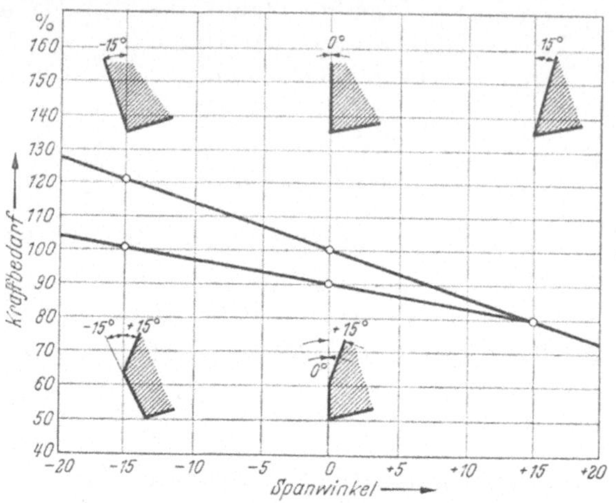

Abb. 92. Schnittkraftbedarf beim Fräsen mit Messerköpfen in Abhängigkeit vom Spanwinkel (n. D. V. STEVENS und A. O. SCHMIDT). Oben einfacher Spanwinkel, unten doppelter Spanwinkel.

Schnittgeschwindigkeit ist. Ein gebrochener (doppelter) Spanwinkel, d. h. wenn an der Schneide bei positiver Messerstellung eine negativ liegende Fase angeschliffen wird, erfüllt den gleichen Zweck, erfordert aber kleinere Schnittkräfte (Abb. 92).

Mit dem Vorschub s_z soll man nicht unter 0,08 mm je Zahn gehen. Zur Erhöhung der Spanleistung nicht die Schnittgeschwindigkeit, sondern den Vorschub steigern, wenn es die verlangte Oberfläche zuläßt!

63. Instandhaltung. Messerköpfe mit abgestumpften oder beschädigten Schneiden müssen aus dem Betrieb genommen werden. Bei Schruppmessern kann eine Verschleißmarkenbreite (Abb. 2) von etwa 0,8 mm als Grenze gelten. Schlichtwerkzeuge wechselt man, wenn die Oberfläche nicht mehr den Anforderungen entspricht.

Je nach der Messerkopfkonstruktion und den Instandhaltungsmöglichkeiten wird der ganze Messerkopf auf einer geeigneten Maschine (Abb. 40) scharfgeschliffen oder auch die Messer einzeln in beschriebener Weise. Den genauesten Rundlauf erhält man auf Messerkopfschleifmaschinen, die beim Schleifen jeden Zahn für sich an der Spanfläche abstützen. Vorschleifen mit SiC 60—80 H—J, Feinschleifen mit Diamantscheiben D 50.

Ist ein Messerkopf z. B. zur Hälfte abgenützt und sind einige Messer wegen starker Beschädigung auszuwechseln, so müssen meistens die neuen Messer nutzlos auf den Stand der übrigen nachgeschliffen werden. In solchen Fällen bestückt man den Messerkopf neu und sammelt die halbverbrauchten Messer, bis man einen Satz beisammen hat, der für eine ganze Bestückung ausreicht.

64. Einzahnfräser. Einzahn- oder Schlagzahnfräsen liegt dann vor, wenn sich nur jeweils eine Schneide im Schnitt befindet. Das Werkzeug kann dabei auch mehrere Schneiden besitzen. Das Verfahren ist sowohl zum „Stirnen" als auch zum „Walzen" geeignet. Einzahnfräswerkzeuge werden in der Hauptsache da eingesetzt, wo die Maschinenleistung für das Mehrzahnfräsen nicht ausreicht. Schwingungsfreiheit bei hohen Drehzahlen ist jedoch Voraussetzung. Mit einem Messer werden besonders hochwertige Oberflächen erzielt, da Rundlauf- und Taumelfehler ausgeschaltet sind. Abb. 93 zeigt die einfachste Form eines Einzahnfräsers. Er dient der Feinbearbeitung von Stahl CK 15.

Die geringe Fräsleistung wird durch hohe Schnittgeschwindigkeit und großen Vorschub ausgeglichen. Trotz der kürzeren Standzeit ist das Einzahnfräsen wirtschaftlich, da Herstellung und Instandhaltung des Werkzeuges einfach und billig sind. Das abgestumpfte Fräsmesser kann mit einigen Handgriffen ausgebaut und außerhalb des Körpers auf einer Stähleschleifmaschine nachgeschliffen werden. Sehr wichtig ist das Feinstschleifen der Schneide. v nach Tab. 9, S. 33, $s_z = 0{,}2$ bis 0,5 mm, Spanwinkel für Gußeisen 0—5°, für Stahl negativ bis —10°.

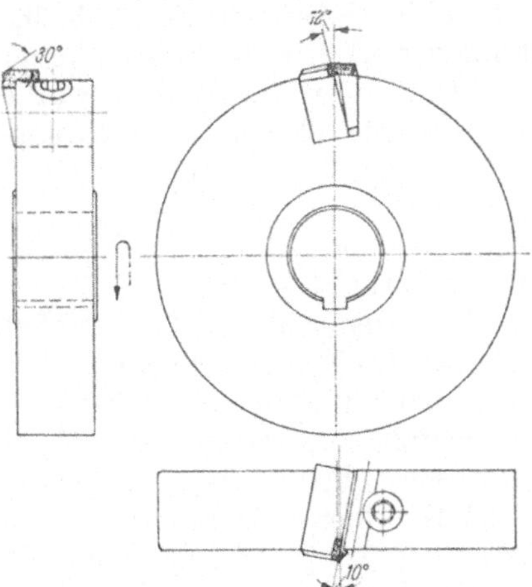

Abb. 93. Einzahnfräser zur Stahlbearbeitung. Werkstoff CK 45, $a = 0{,}1$ mm, $v = 240$ m/min, $s' = 80$ mm/min, HM S 1.

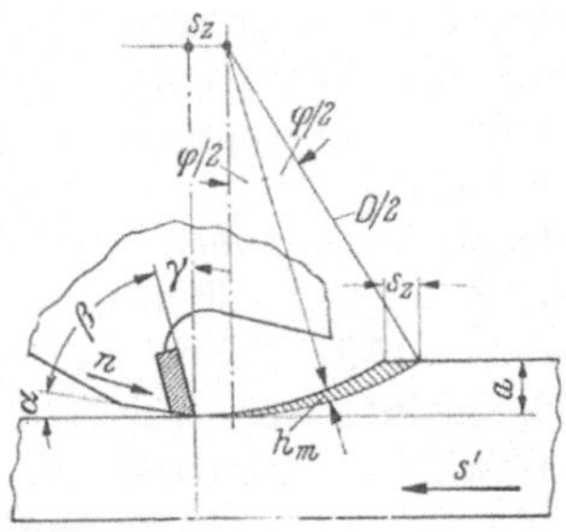

Abb. 94. Fräserzahn und Spanbildung beim Walzenfräsen. $\alpha, \beta, \gamma, a, n, s', s_z$ wie beim Messerkopf (s. Abschn. 62, S. 53). D Fräser-Durchmesser, h_m Mittenspandicke, d. h. Dicke des Kommaspanes in der Mitte des Eingriffsbogens (bei $\varphi/2$): $h_m = s_z\sqrt{a/D}$ (vgl. [25]); h_m wird bei Ermittlung des spezifischen Schnittdruckes zugrunde gelegt.

65. Walzenfräser. Die kommaförmige Spanbildung (Abb 94) beim Fräsen mit Walzenfräsern ergibt für HM-Schneiden sehr ungünstige Anschnittverhältnisse. Besonders die beim Gegenlauffräsen auftretende Reibung, ehe der Zahn in den

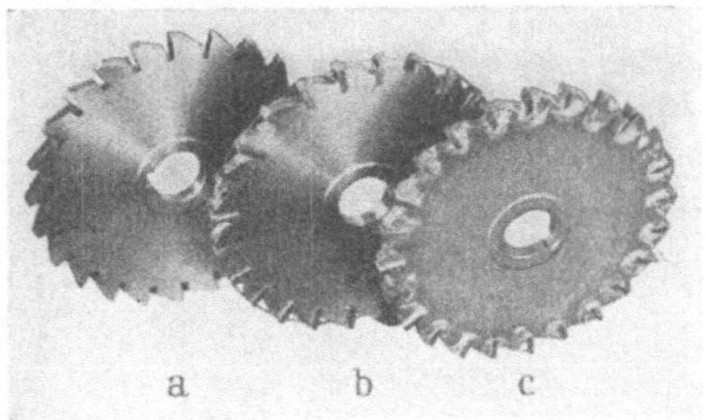

Abb. 95a—c. Scheibenfräser in 3 Fertigungsstufen. *a* Körper aus Baustahl mit 60 kg/mm² Festigkeit gedreht und gefräst. — *b* Fräser zum Löten vorbereitet: Die HM-Platten stehen auf beiden Seiten um den zu hinterschleifenden Betrag vor; am Rücken muß die Platte gut unterstützt werden; beim Löten dürfen sich die Platten nicht verrücken; mittels Gitterzwischenlagen können Ungleichmäßigkeiten der Plattenstärke ausgeglichen werden. — *c* Der gelötete, unverputzte Fräser.

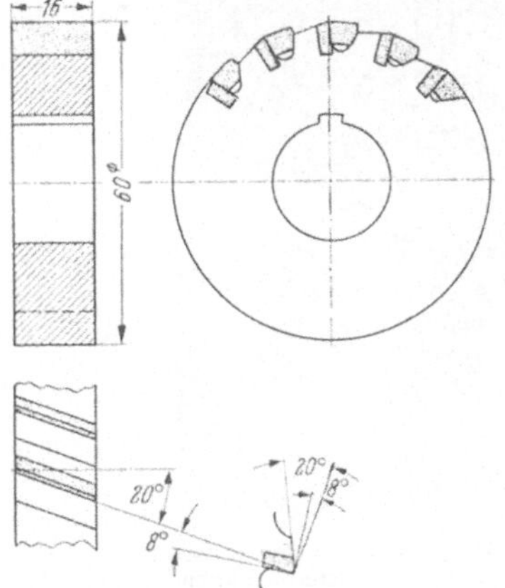

Abb. 96. Schmaler Walzenfräser mit negativem Spanwinkel zum Rundfräsen von Stahl 60 kg/mm² Festigkeit. $a = 1{,}5$ mm, $v = 190$ m/min, $s_z = 0{,}05$ mm; HM S1, $\gamma = -8°$; Kühlmittel wasserlöslich.

Werkstoff eindringt, wirkt in hohem Maße schneidenzerstörend. Das Gleichlauffräsen ist dem Gegenlauffräsen vorzuziehen, setzt jedoch starre Maschinen mit Spielausgleich an der Vorschubspindel voraus. Gerade verzahnte Fräser laufen unruhig, da die Schnittkraft am Fräserzahn ständig wechselt. Dieser Umstand führte bei SS-Fräsern zur Ausbildung schraubenförmiger Zähne und damit zum schälenden Schnitt. Diese Form ist bei der HM-Bestückung sehr schwierig. Man muß sich meist mit einer kleinen Zahnneigung von etwa 5° begnügen. An schmalen Scheibenfräsern kann man die Zähne stärker, auch kreuzverzahnt, neigen. Abb. 95 zeigt einen Nutenfräser in 3 Fertigungsstufen.

Nach dem Rundschleifen kommt der Fräser auf die Werkzeugschleifmaschine und wird in mehreren Stufen an der Span- und Freifläche fertiggeschliffen. Feinschliff D 50—D 30.

Eine Ausführung zum Rundfräsen von Stahl im Gegenlauf zeigt Abb. 96.

Die Herstellung von *Walzenfräsern* ist sinngemäß dieselbe, wie sie bei anderen umlaufenden Werkzeugen, z. B. Reibahlen, Senker usw., beschrieben wurde. Für Walzenfräser mit eingesetzten Fräsmessern gelten die gleichen Betrachtungen wie für Messerköpfe.

Arbeitsbedingungen für
Grauguß: $v = 50$—60 m/min, $s_z \geq 0{,}08$ mm, $\gamma = 0$ bis $+5°$,
Stahl: $v = 150$—250 m/min, $s_z \geq 0{,}05$ mm, γ negativ bis $-10°$.

66. Rotorfräser. Zur Bearbeitung von schwer zerspanbaren Werkstoffen, z. B. Gesenkstählen, gehärtet und ungehärtet, ferner bei Verputzarbeiten an Schweißnähten, Grau- und Stahlgußteilen hat sich die Verwendung von Vollhartmetall-Rotorfräsern (Abb. 97) als sehr wirtschaftlich erwiesen. Feinfräsen von gehärtetem Stahl mit 60—63 RC bietet keine Schwierigkeiten. Die Zerspanungsleistung ist größer, als beim Schleifen mit Schleifstiften ähnlicher Abmessung. Für diese Handarbeiten kommen die bekannten elektrischen oder Preßluft-Handschleifapparate mit biegsamer Welle in Frage (Abb. 98). Um die für HM erforderliche Schnittge-

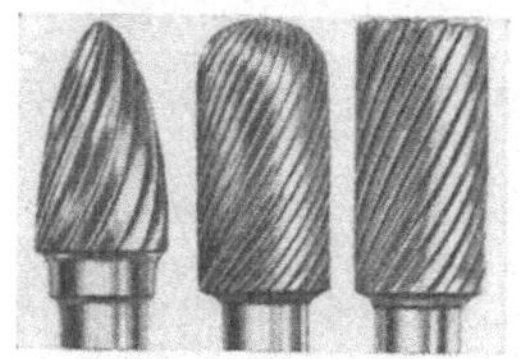
Abb. 97. HM-Rotorfräser.

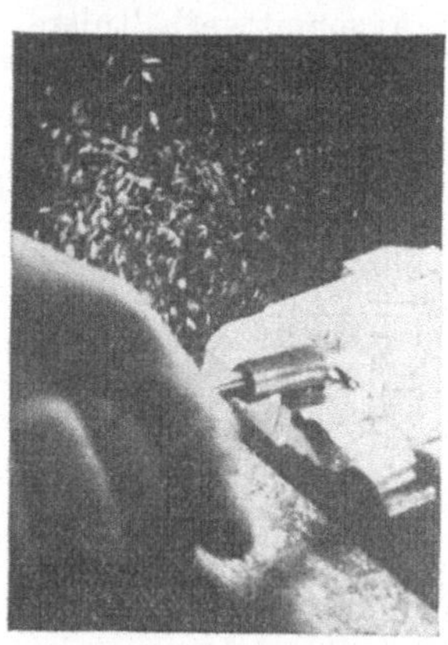
Abb. 98. Anwendung des Rotorfräsers. (*August Rüggeberg*, Marienheide/Rhld.) Antrieb über biegsame Welle.

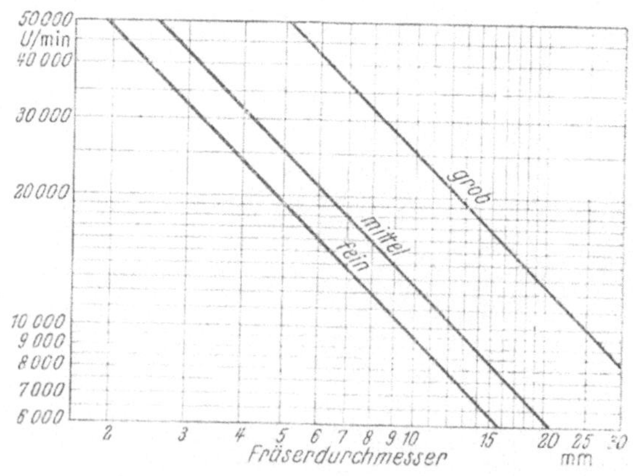

Abb. 99. Drehzahlen für grob, mittel und fein verzahnte HM-Rotorfräser (n. *Rüggeberg*).

schwindigkeit zu erreichen, sind hohe Drehzahlen, nicht unter 6000 U/min, bei großem Drehmoment nötig. Der Drehzahlbereich ist sehr verschieden. Feine Verzahnung bedingt niedere, grobe Verzahnung hohe Drehzahl (Abb. 99).

Der Fräserschaft wird bei den genannten Maschinen in Spannzangen aufgenommen. Für Handbetrieb ist der damit erreichbare Rundlauf ausreichend. Für Maschiıenbetrieb sind Schleifspindeln geeignet. Da der Fräser hier unbedingt schlagfrei ıufen muß, genügt die Zangenspannung für diese Fälle nicht mehr.

Fräsregel: Weiche Werkstoffe niedere; harte Werkstoffe hohe Drehzahl.

F. Das Fräsen von Holz.

67. Allgemeines. In den Fertigungsbetrieben der Holzindustrie hat der HM-Fräser wegen seiner überragenden Standzeit gegenüber Stahlfräsern längst sein Anwendungsgebiet bei der Zerspanung von Hart-, Sperr- und Schichthölzern gefunden. Verdichtete Hölzer, sog. Preßhölzer (z. B. Lignofol), sind ebenso wie Kunststoffe mit diesen Werkzeugen zu bearbeiten. Kaltleimfugen können manchmal nur mit HM-Werkzeugen wirtschaftlich bearbeitet werden.

Holz ist im Gegensatz zu Metall ein leicht zu zerspanender Werkstoff, der mit hohen Schnittgeschwindigkeiten bearbeitet werden kann. Zähnezahl und Schnittwinkel sind den jeweiligen Arbeitsbedingungen anzupassen. Der Fräsvorgang an einer Tischfräsmaschine mit senkrechter Frässpindel verläuft so, daß das Werkstück im Gegenlauf am umlaufenden Werkzeug vorbeigeführt wird. Der Span entsteht kommaförmig (Abb. 94). Der rasche Ablauf der einzelnen Schneideneingriffe bringt es mit sich, daß oft nur ein Teil der Zähne schneidet, wenn der Fräser nicht ganz genau rundläuft. Die Folge ist Überlastung der einzelnen Schneide und vorzeitige Abstumpfung. Rundlauffehler können von der Frässpindel, der Aufspannung oder dem Fräser selbst herrühren. Sie sollen zusammen nicht mehr als 0,05 mm betragen. Bei schlecht ausgewuchteten Werkzeugen treten Schwingungen auf, die den Spindellagern schaden. Rechtzeitiges Nachschärfen steigert die Lebensdauer. Zulässige Abstumpfung etwa 0,1 mm.

68. Die Schnittgeschwindigkeit. Holz hat durch seinen Zellenaufbau die Neigung, beim Auftreffen der Schneide nachzugeben. Der Vorgang des Abtrennens muß deshalb so schnell wie möglich erfolgen, damit der Werkstoff keine Zeit hat, auszuweichen. Mit $D =$ Fräserdurchmesser in mm und $n =$ Fräserdrehzahl in U/min berechnet man die Schnittgeschwindigkeit

$$v = \frac{D \pi n}{1000 \cdot 60} \ [\mathrm{m/s}]. \qquad (4)$$

Sie liegt allgemein zwischen 30 und 80 m/s und zwar für Fräser mit geraden, fest eingelöteten Schneiden und guter Spanbildung. Im einzelnen: Weich- und Hartholz 70—80 m/s, Sperrholz 60—70 m/s, Preßholz 50—60 m/s. Bei Profilfräsern ist v je nach Profil bis zu 50% niederer zu wählen.

69. Der Vorschub muß zur Zähnezahl und Drehzahl des Werkzeuges in einem bestimmten Verhältnis stehen. Bei zu kleinen Vorschüben wird ein starkes Ansteigen des Schnittdruckes festgestellt, was sich daraus erklärt, daß die Schneide mehr schabt als schneidet. Die Folge ist vorzeitiges Abstumpfen. Die bei der Wahl des Vorschubes zu beachtende Mittenspandicke h_m (Abb. 94) soll nicht kleiner als 0,1 mm sein. Ein günstiger Wert ist 0,2 mm. Daraus folgt auch, daß mit zunehmender Drehzahl die Schneidenzahl des Fräsers abnehmen muß, wenn nicht gleichzeitig auch der Vorschub gesteigert werden kann. Entsprechend obigen Schnittgeschwindigkeiten ergeben sich dann praktische Vorschübe für:

Weichholz bis 30 m/min, Hart- und Sperrholz 10—20 m/min, Preßholz bis 8 m/min.

70. Die Schneide. Schneidwinkel und HM-Sorte sind werkstoffbedingt. Je weicher das Holz, um so größer kann der Spanwinkel und entsprechend kleiner der Keilwinkel sein. In der Reihenfolge Preßholz—Schichtholz—Sperrholz—Hartholz—Weichholz werden die Keilwinkel immer kleiner. Bei Weichholz muß der Keilwinkel schon kleiner als 30° werden. Hier ergänzen sich HM und Stahl als Schneidenwerkstoff. Um ein Ausbrechen der feinen Schneiden zu verhindern, sind für kleine Keilwinkel die zäheren HM-Sorten zu verwenden. In den meisten Fällen kommt man mit G 2, G 1 und H 1 aus. Für formschwierige Werkzeuge und kleine Keilwinkel wählt man G 2, zur Bearbeitung stark verschleißender Verleimungen (Sperrholz, Schichtholz) ist G 1 und H 1 zu verwenden. In Zweifelsfällen nimmt man zunächst die zähe Sorte, um dann bei gutem Ergebnis auf eine verschleißfestere zu gehen. Die für verschiedene Holzarten und Vorschübe zweckmäßigen Spanwinkel und HM-Sorten sind in Abb. 100 zusammengestellt [26].

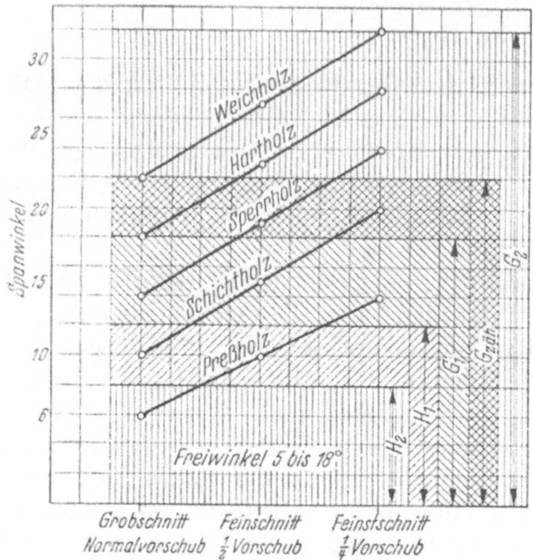

Abb. 100. HM-Sorten und Spanwinkel bei der Holzbearbeitung. (n. *E. Dinglinger*).

71. Gestaltung der Fräser. Bei der Gestaltung werden unter Berücksichtigung der Arbeitsbedingungen zunächst Form, Zähnezahl, Schneidwinkel und HM-Sorte bestimmt. Der im Beispiel Abb. 101 dargestellte Fräser soll eine 8 mm breite und 10 mm

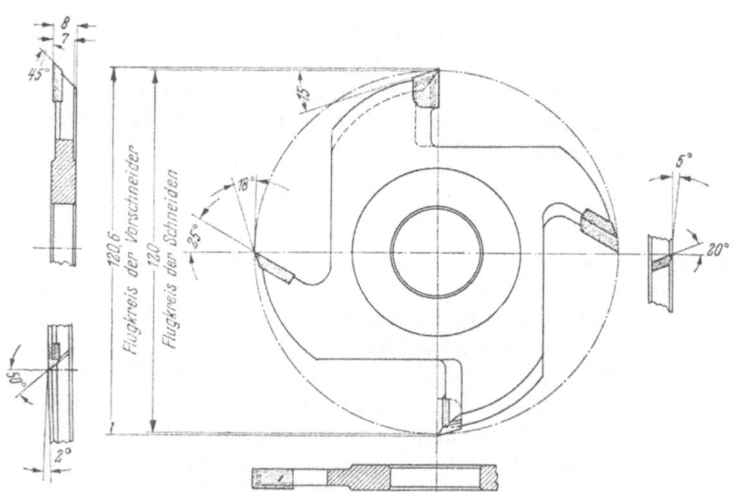

Abb. 101. Kreuzverzahnter Nutenfräser mit Vorschneider.

tiefe Nute in Buchen-Pappel-Schichtholz einfräsen. Die Drehzahl der Maschine beträgt 8000 U/min. Der Vorschub erfolgt von Hand und ist mit 6 m/min angenommen. Um ein seitliches Ausfransen der Nute zu verhindern, werden Vorschneider angeordnet. Bei den Schneidezähnen ergibt sich, wenn man $s_z = s'/nz$ setzt, aus der Formel unter Abb. 94 eine Mittenspandicke

$$h_m = \frac{s'}{n\,z}\sqrt{\frac{a}{D}} = \frac{6000}{8000\cdot 2}\sqrt{\frac{10}{125}} = 0{,}375\cdot 0{,}283 = 0{,}106 \text{ mm},$$

was zulässig ist. Die 2 Schneiden liegen einander gegenüber, ebenso linker und rechter Vorschneider. Der Spanwinkel wird zu 25° bestimmt. Bei einem Freiwinkel von 20° ergibt sich ein Keilwinkel von 90° — (25° + 20°) = 45°. Bei der Bestückung hat man nun die Möglichkeit, je nach Beanspruchung HM verschiedener Zähigkeit einzubauen. Zunächst wurde für die Schneidezähne G2 gewählt, später aber durch Versuch ermittelt, daß G1 wirtschaftlicher ist. Für die Vorschneider nimmt man H1, da sie durch ihre Ritz- und Schabearbeit mehr auf Reibung beansprucht sind.

Der *Körper* besteht aus Baustahl mit 70 kg/mm² Festigkeit. Die Schneiden sind kreuzweise angeordnet. Die Nebenschneiden liegen auf der gleichen Ebene wie die Vorschneider. Diese ragen jedoch um 0,2—0,3 mm über den Flugkreis der Hauptschneiden hinaus. Der Zahnrücken kann hinterdreht oder hinterfräst werden. Die Spankammern müssen reichlich bemessen sein. Alle Ecken und Kanten des Körpers werden gerundet.

Die Schneidplatten werden meist an der der Spanfläche entgegengesetzten Seite aufgelötet und im Grunde fest angelegt. Am Umfang läßt man sie soweit abstehen, daß der Freiwinkel hinterschliffen werden kann, ohne den Schaft mitschleifen zu müssen. Bei Falzfräsern ist auch die schräge Anordnung nach Abb. 102 üblich.

Zum *Löten* sind Kupfer und Silberlote geeignet. Profilierte Schneiden müssen sehr sorgfältig und spannungsfrei gelötet werden. Nach dem Löten und Sandstrahlen folgen: Rundschleifen der Bohrung nach Passung H7, Planschleifen, Außenrundschleifen. Die Schneiden werden in mehreren Stufen feinstgeschliffen. Diamantscheibe Korn D30—D15. Profilfräser müssen mit besonderen Einrichtungen hinterschliffen werden. Jeder Fräser muß dynamisch ausgewuchtet sein, da durch nie hohe Drehzahl schon bei kleinsten Wuchtfehlern beachtliche Fliehkräfte auftreten. Wo diese Voraussetzungen fehlen, können einwandfrei arbeitende Holzfräser nicht hergestellt werden.

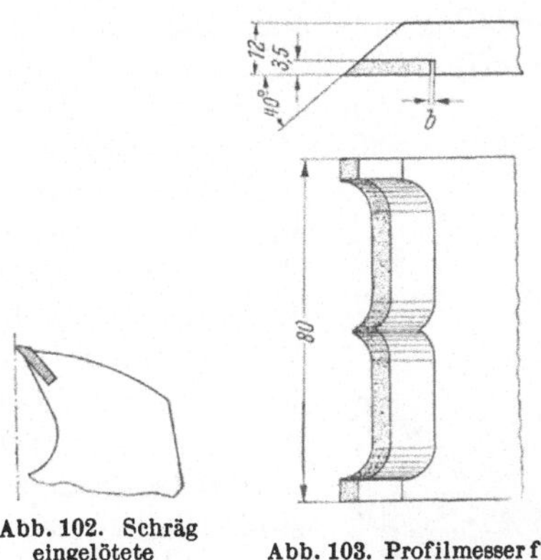

Abb. 102. Schräg eingelötete HM-Platte.

Abb. 103. Profilmesser für Falzkopf. *b* freier Spalt.

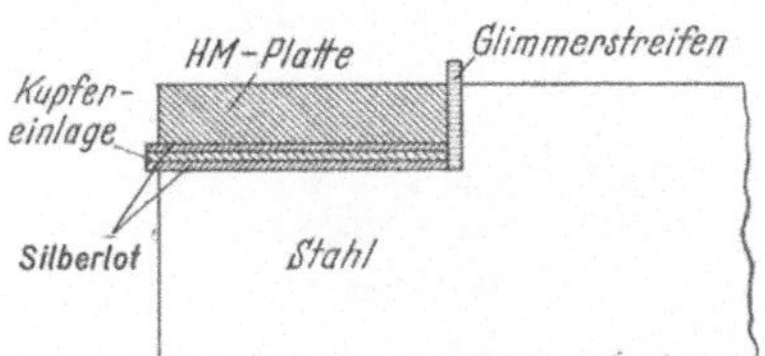

Abb. 104. Lötweise zur Verringerung der Lötspannungen bei Profilmessern mit langen und tiefen Profilen.

Abb. 103 zeigt ein hartmetallbestücktes *Profilmesser* für einen Falzkopf. Die Schneidplatte G2 ist 80 mm lang und muß sehr sorgfältig aufgelötet werden. Zur Verringerung der Lötspannungen arbeitet man mit einem niedrig schmelzenden Silberlot. Zwischen 2 Lötfolien legt man noch einen Kupferblechstreifen von 0,3 mm Stärke. Beim Schmelzen des Silberlotes bleibt die Kupfereinlage erhalten und wirkt spannungsausgleichend. Das Festlöten am Rücken verhindert man durch das Einlegen eines Glimmerstreifens (Abb. 104). Dieser wird nach dem Löten wieder entfernt und man erhält somit eine rückenfreie Verbindung. Das Profil wird auf Schleifmaschinen mit optischer Einrichtung nach einer Zeichnungs-Vergrößerung geschliffen.

Bei sehr hohen Drehzahlen verwendet man *einschneidige Werkzeuge*. Diese sind einfach instandzuhalten, müssen allerdings sehr sorgfältig ausgewuchtet sein. Zu den einschneidigen Werkzeugen gehören auch die *Oberfräser.* Die Außenform ist ein Teil eines Zylinders, der Freiwinkel entsteht durch die exzentrische Einspannung. Der hartmetallbestückte Fräser wird gegenüber dem Stahlfräser kürzer ausgeführt.

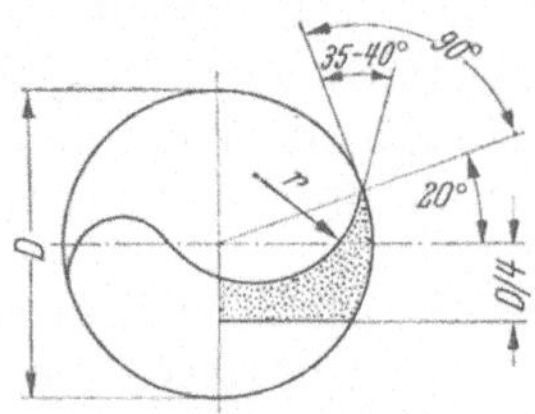

Abb. 105. Schneidwinkel am Oberfräser.

Bis 8 mm ∅ werden diese Werkzeuge aus Vollhartmetall hergestellt. Größere Durchmesser werden mit Sonderformplatte Abb. 105 bestückt. Die geeignete HM-Sorte ist G2. Nach dem Rundschleifen der Außenform wird der Radius *r* der Zahnbrust mit einem entsprechend bemessenen schnellaufenden Diamantstift Korn D100 bis D70 ausgeschliffen. Dabei ist immer gegen die Schneide zu schleifen. Die Spanfläche erhält zum Schluß eine Feinschliffase mit Tellerscheibe D15.

Kein Werkzeug darf ohne Schneidenschutz gelagert oder transportiert werden. Der beste Schutz gegen Beschädigung der empfindlichen Schneiden sind geeignete Holzbehälter, so daß jedes Werkzeug einzeln aufbewahrt werden kann.

G. Gewindefertigung.

72. Allgemeines. Gewinde werden bekanntlich nach verschiedenen Verfahren hergestellt, die jedoch nicht alle den Einsatz von HM erfolgreich zulassen. Gewindestähle und Strehler können in einfacher Weise bestückt und geschliffen werden (s. Abschn. Drehen). Die Verwendung solcher Werkzeuge ist jedoch nur dann zu empfehlen, wenn maschinenseitig die Voraussetzungen vorhanden sind. Gewindebohrer lassen sich wohl aus HM herstellen, sind aber teuer und im Gebrauch äußerst empfindlich. Sie werden als Einschnittbohrer besonders bei der Kunststoffbearbeitung verwendet. Bis etwa 12 mm ∅ werden sie aus Vollhartmetall hergestellt (Abb. 106). Größere Durchmesser bestückt man an dem am meisten beanspruchten Anschnitteil mit HM-Leisten in ähnlicher Weise, wie Reibahlen. Geeignet ist die HM-Sorte G1. Zum Schleifen des Gewindeprofils sind Diamantscheiben in Stahl- oder Hartmetallbindung notwendig.

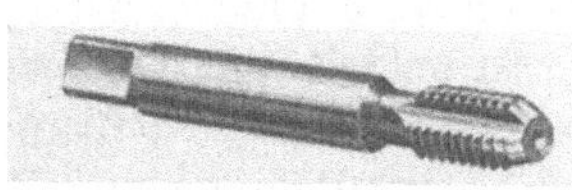
Abb. 106. Gewindebohrer aus Vollhartmetall für die Kunststoffbearbeitung (*Widia*-Fabrik.)

Abb. 107. Gewindefräser (Messerkopf) mit HM-Schneiden. (*Wanderer-Werke*, Haar b. München.)

73. Gewindefräsen [*27*] ist ein neues Verfahren zur Gewindeherstellung, das die Ausnutzung des Schneidstoffes HM in wirtschaftlicher Weise zuläßt. Mit dem in Abb. 107 gezeigten Fräskopf lassen sich genaue Gewinde höchster Oberflächengüte erzeugen. Der Fräsvorgang erfolgt im Gleichlauf mit Schnittgeschwindigkeiten von 250—450 mm/min und Vorschüben von 350 bis

650 mm/min (gemessen in Gangrichtung). Das Gewinde wird, je nach Steigung und Genauigkeit, in einem oder mehreren Schnitten gefräst. Das Werkzeug ist ein Messerkopf von 130 mm ∅. Die HM-bestückten Messer sind axial einstellbar und mittels Keil geklemmt. Die Messer sind formgeschliffen und werden nur an ihren Spanflächen auf einer Werkzeugschleifmaschine nachgeschliffen. Sie bleiben dabei im Messerkopf. Feinstschliff und genauer Rundlauf der Schneiden sind notwendig.

74. Gewindewirbeln [*28*] ist ein Schlagzahnfräsen, das hohe Schnittgeschwindigkeiten zuläßt und deshalb erst mit HM möglich ist. Die Wirbelaggregate werden auf gewöhnliche Leitspindeldrehbänke aufgebaut. Die erzeugten Gewinde sind sehr genau, die Oberfläche liegt nahe der Schleifgüte. Beim Wirbeln von Außengewinden kreisen die Wirbelstähle[1] exzentrisch um das Werkstück, bei Innengewinden exzentrisch in der Werkstückbohrung. Beim Gleichlaufwirbeln haben Werkzeug und Werkstück gleiche Drehrichtung. Der Wirbelstahl hebt hierbei den Span in günstiger Weise ab (Abb. 108—109).

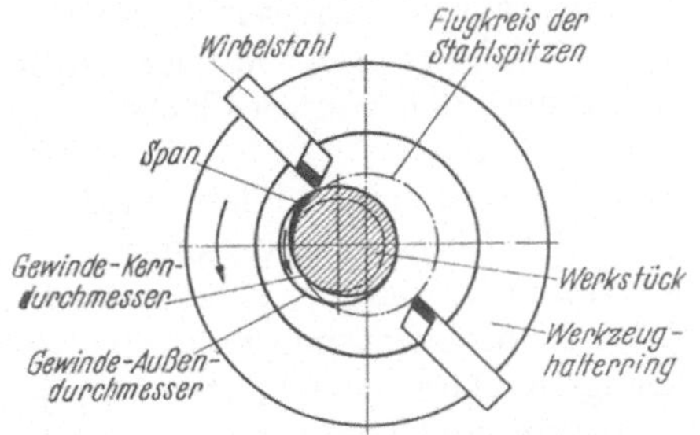

Abb. 108. Wirbeln von Außengewinden.

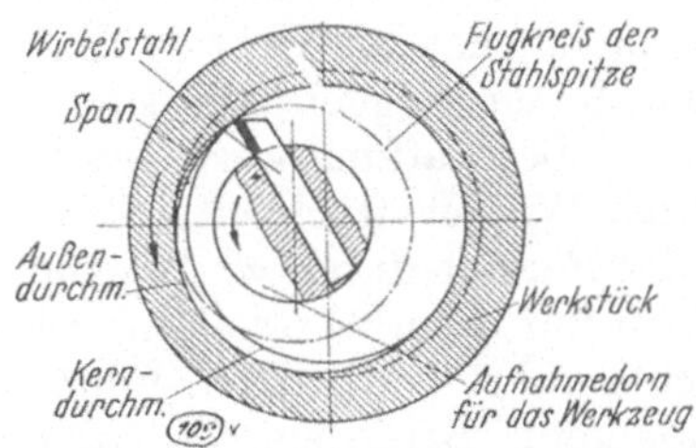

Abb. 109. Wirbeln von Innengewinden.

Flugkreis- und Werkstückdurchmesser müssen im richtigen Verhältnis zueinander stehen [*29*]. Die bei der hohen v auftretende Zerspanungswärme wird größtenteils durch die Späne abgeführt. Das Werkstück erwärmt sich dabei unmerklich. Man wirbelt entweder mit einem Stahl das volle Gewindeprofil oder mit 2 gegenüberliegenden Stählen jeweils nur eine Flanke. Der Einflankenschnitt ist zerspannungstechnisch günstiger.

Die Meißel sind einfach, aber mit größter Sorgfalt zu schleifen. Feinstschliff mit D30—D15. HM-Sorte F1 und S1. Zweckmäßige Spanstärke im Mittel 0,1 mm. Schnittgeschwindigkeit bei:
Stahl 150—450 m/min, Stahlguß 90—190 m/min, Grauguß 110—250 m/min, Leichtmetall 800—1800 m/min.

VI. Wirtschaftliche und organisatorische Betrachtungen.

75. Die Werkzeugkosten. Man kauft nicht immer billig, wenn man nach dem Billigsten greift. Beim Werkzeug ist die Wirtschaftlichkeit ausschlaggebend. Um diese beurteilen zu können, muß man seine Leistung und den Kostenaufwand kennen, der zu dieser Leistung führt. Die Leistungseinheit ist eine bestimmte Fertigungsmenge, ausgedrückt in der Anzahl der gefertigten Werkstücke. Der Leistungsaufwand, bezogen auf das Werkzeug, umfaßt die Kosten für Beschaffung und für Instandhaltung. Die letzten dürfen deshalb nicht vernachlässigt werden, weil sie oft höher sind, als die Beschaffungskosten. Das Werkzeug arbeitet am wirtschaft-

[1] Im Text und in den Abb. 108 u. 109 wäre es im Gegensatz zu den hier aus der Werkstattpraxis übernommenen Benennungen mit Rücksicht auf die HM-Schneide der Werkzeuge richtiger, diese als Wirbel*meißel* oder Wirbel*messer* und ihre Spitze als *Meißel*spitze zu bezeichnen.

lichsten, das den geringsten Kostenanteil je Leistungseinheit beansprucht. Die Werkzeugkosten K_w [30] sogen. kurzlebiger Werkzeuge errechnen sich:

$$K_w = \frac{W_a - W_u + n_s W_s}{n_{wT}(n_s + 1)}. \tag{5}$$

Darin bedeuten:

K_w Werkzeugkosten je Leistungseinheit (meist je Werkstück),
W_a Beschaffungswert des Werkzeuges,
W_u Wert am Ende seiner Gebrauchsdauer,
n_s Anzahl der möglichen Nachschliffe,
W_s Kosten je Nachschliff,
n_{uT} Anzahl der hergestellten Leistungseinheiten je Standzeit.

Der Beschaffungswert W_a ist bei Fremdbezug leicht feststellbar. Bei der Herstellung im eigenen Werkzeugbau müssen die Kosten für jedes Werkzeug einzeln abgerechnet werden, um für obige Kalkulation brauchbare Unterlagen zu bekommen.

Der Wert des Werkzeuges am Ende seiner Gebrauchsdauer, sein Restwert W_u, kann sehr unterschiedlich sein. Ein gebrochener Spiralbohrer, ein abgeschliffener Drehmeißel hat den Wert 0. Ein Messerkopf hat noch den Wert des Körpers, wenn seine Messer aufgebraucht sind.

Der Beschaffungswert eines Werkzeuges ist aber nicht allein maßgebend für die Wirtschaftlichkeit. Ebenso wichtig ist der Instandhaltungsaufwand, der in der Formel durch $n_s W_s$ zum Ausdruck kommt. Darüber sind brauchbare Zahlen nur dann zu erhalten, wenn über jedes zu beobachtende Werkzeug genau Buch geführt wird. Z. B. führt die Werkzeugschleiferei eine Kartei über jeden Messerkopf. Bei jedem Nachschleifen wird Leistung und Instandhaltungsaufwand festgehalten. Solche Aufzeichnungen sind äußerst wertvoll, da sie nicht nur die Instandhaltungskosten, sondern auch Aufschluß über die Leistungsfähigkeit (Anzahl der Nachschliffe n_s und Zahl der je Nachschliff gefertigten Werkstücke n_{wT}) geben. Am schwierigsten ist erfahrungsgemäß die zuverlässige Ermittlung der Größe n_{uT}, da man praktisch mehr oder weniger auf die Maschinenbedienung angewiesen ist.

76. Werkzeugbeschaffung. Jedes Werkzeug, das der Betrieb zur Herstellung eines Erzeugnisses benötigt, muß ihm zur rechten Zeit in ausreichender Menge zur Verfügung stehen. Zu Beginn jeder Fertigung steht die Arbeitsvorbereitung, die jeden Arbeitsgang plant und die erforderlichen Betriebsmittel bestellt. Größere Betriebe unterhalten eine besondere Werkzeugüberwachung innerhalb der Arbeitsvorbereitung, der es obliegt, die Beschaffung entweder über den Einkauf oder den eigenen Werkzeugbau zu steuern (Abb. 110). Der Bedarf muß so rechtzeitig ermittelt werden, daß alle beteiligten Stellen den Auftrag ohne Terminschwierigkeiten erledigen können.

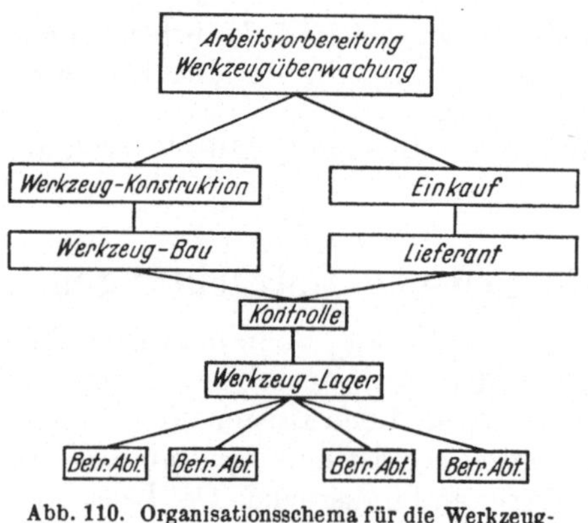

Abb. 110. Organisationsschema für die Werkzeugbeschaffung.

Der reibungslose Ablauf der Organisation ist nur dann gesichert, wenn alle Betriebsstellen gut zusammenarbeiten.

Was für die Neubeschaffung gilt, betrifft auch den Nachholbedarf. Dieser wird auf Grund des Verbrauches und des Fertigungsprogrammes unter Berücksichtigung der Beschaffungszeit rechtzeitig bestellt. Die Überwachung des Werkzeugverbrauches gibt der Betriebsführung wertvolle Hinweise für Rationalisierungsmaßnahmen.

Ergänzendes Schrifttum.

[1] AMANN, E., u. J. HINNÜBER: Die Entwicklung der Hartmetallegierungen in Deutschland. Stahl u. Eisen H. 21 (1951) S. 1081.

[2] BALLHAUSEN, C.: Wandlungen in der Technik der Fertigung der Hartmetallegierungen. Stahl u. Eisen H. 21 (1951) S. 1090—1097.

[3] Werkstattbücher Heft 28: R. v. LINDE, Das Löten, 4. Aufl.

[4] BALLHAUSEN, C., u. G. VIEREGGE: Spannungen und Rißbildung in gelöteten Hartmetallplättchen. Werkstatt u. Betrieb H. 12 (1952) S. 657—688.

[5] BEUTEL, H.: Löten und Warmbehandlung von Hartmetallwerkzeugen. Werkstatt u. Betrieb H. 10 (1952) S. 505—513.

[6] SCHUMANN, G.: Das Hartlöten mit Kupfer im Schutzgas. Werkstatt u. Betrieb H. 4 (1952) S. 133—137.

[7] Werkstattbücher Heft 116: E. HÖHNE, Induktionshärten. Dort nähere Angaben über die Einrichtungen zur Induktionserhitzung.

[8] MEYERHANS, K.: Das Verbinden von Metallen unter sich oder mit anderen Werkstoffen. Metall H. 9/10 (1952) S. 229—240.

[9] Werkstattbücher Heft 94: A. ROTTLER, Werkzeugschleifen.

[10] PAHLITZSCH, G.: Das Verhalten von Diamantschleifscheiben beim Schleifen von Hartmetallen, insbesondere Hartmetallschneiden. Die Schleif- u. Poliertechnik H. 3 1941.

[11] SALJÉ, E.: Grundlagen des Schleifvorganges. Werkstatt u. Betrieb H. 2 (1953) S. 45—56.

[12] HEISS, A.: Schartigkeit von Werkzeugschneiden. Werkstattstechnik u. Maschinenbau H. 6 (1951) S. 233.

[13] DINGLINGER, E.: Die Schneidenschartigkeit von Hartmetall nach dem Feinschleifen. Werkstattstechnik u. Maschinenbau H. 2 (1952) S. 50—56.

[14] WINTER, E. u. SOHN, Hamburg.

[15] LÄTZIG, W.: Läppen. Carl Hanser Verlag, München 1950. Ferner Werkstattbuch Heft 105: H. FINKELNBURG, Läppen.

[16] SCHMALTZ, G.: Technische Oberflächenkunde. Springer Verlag, Berlin 1936.

[17] BALLHAUSEN, C.: Die Bearbeitung von Hartmetall durch Funkenerosion. Werkstattstechnik u. Maschinenbau H. 5 (1953) S. 236—242.
RUDORFF, D. W.: Das Sparcatron-Funkenschneidverfahren. ETZ-B, H. 6, 21. 6. 53, S. 195—197. Hier weiteres Schrifttum.

[18] Werkstattbücher Heft 61: K. KREKELER, Die Zerspanbarkeit der Werkstoffe, 3. Aufl.

[19] KIENZLE, O.: Die Bestimmung von Kräften und Leistungen an spanenden Werkzeugen und Werkzeugmaschinen. Z. VDI 1952, S. 299—305.

[20] BALLHAUSEN C., u. G. VIEREGGE: Wahl der Spanwinkel und Plättchenstärke am Hartmetall-Werkzeug. Industrie-Anzeiger H. 19 (1953) S. 223—227.

[21] DINGLINGER, E.: Tieflochbohren mit Hartmetall-Bohr-und Reibwerkzeugen bei umlaufendem Werkstück. Werkstattstechnik u. Maschinenbau 1953 H. 4.

[22] IWASCHEFF, W.: Ein neues Tieflochbohrverfahren. Werkstattstechnik u. Maschinenbau H. 2 1950.

[23] OPITZ, H. u. J. KOLB: Richtwerte, Schnittkräfte und Schnittemperaturen beim Fräsen mit Hartmetallwerkzeugen. Werkstatt u. Betrieb H. 3 (1952) S. 81—85.

[24] DÜRR, A.: Fräsmaschinenleistung und Leistungsfähigkeit der Messerköpfe. Werkstattstechnik u. Maschinenbau H. 9 1953.

[25] Werkstattbücher Heft 88: H. KLEIN, Das Fräsen, 2. Aufl.

[26] DINGLINGER, E.: Wirtschaftlichkeitsfragen beim Einsatz von Hartmetallwerkzeugen in der Holzindustrie. Holz als Roh- u. Werkstoff H. 2 1952.

[27] Beschrieben ist das Wanderer-Rapidus-Gewindefräsen von den Wanderer-Werken, Haar b. München.

[28] Beschrieben ist das von H. Burgsmüller u. Söhne, Kreiensen, entwickelte Wirbelverfahren.

[29] HÄUSER, K.: Gewindewirbeln. Der Maschinenmarkt Nr. 68/69 (1953) S. 110—114.

[30] WITTHOFF, J.: Die Hartmetalle im Dienste der Rationalisierung. Industrieanzeiger Nr. 33/34 (1951).
WITTHOFF, J.: Technische Gesichtspunkte bei der Werkzeugbeschaffung. Industrieanzeiger Nr. 73/74 (1952).

[31] AWF-Betriebsblatt: Hartmetallsorten und Schnittwinkel beim Drehen mit Hartmetallwerkzeugen. Werkstattstechnik und Maschinenbau Heft 11, 1954, S. 566.

Einteilung der bisher erschienenen Hefte nach Fachgebieten (Fortsetzung)

II. Spangebende Formung (Fortsetzung)

III. Spanlose Formung

IV. Schweißen, Löten, Gießerei

(Fortsetzung 4. Umschlagseite)